Natalija Atanasova-Pancevska

Funghi anaerobi di monogastrici e ruminanti della Macedonia

Natalija Atanasova-Pancevska

Funghi anaerobi di monogastrici e ruminanti della Macedonia

ScienciaScripts

Imprint

Any brand names and product names mentioned in this book are subject to trademark, brand or patent protection and are trademarks or registered trademarks of their respective holders. The use of brand names, product names, common names, trade names, product descriptions etc. even without a particular marking in this work is in no way to be construed to mean that such names may be regarded as unrestricted in respect of trademark and brand protection legislation and could thus be used by anyone.

Cover image: www.ingimage.com

This book is a translation from the original published under ISBN 978-3-330-35045-8.

Publisher:
Sciencia Scripts
is a trademark of
Dodo Books Indian Ocean Ltd. and OmniScriptum S.R.L publishing group

120 High Road, East Finchley, London, N2 9ED, United Kingdom
Str. Armeneasca 28/1, office 1, Chisinau MD-2012, Republic of Moldova, Europe
Printed at: see last page
ISBN: 978-620-7-44339-0

Copyright © Natalija Atanasova-Pancevska
Copyright © 2024 Dodo Books Indian Ocean Ltd. and OmniScriptum S.R.L publishing group

INDICE DEI CONTENUTI

INDICE DEI CONTENUTI 1
1. INTRODUZIONE 2
2 FUNGHI ANAEROBI NELLA REPUBBLICA DI MACEDONIA 37
RIFERIMENTI 81

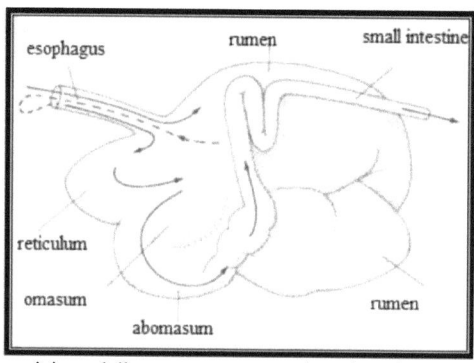

Figura 3. Disposizione delle quattro camere nei ruminanti.

Quando i ruminanti mangiano, diversi bocconi di materiale vegetale vengono mescolati con la saliva e infine inghiottiti come bolo senza ulteriore masticazione. Il bolo, che nelle pecore pesa circa 100 g (Hungate, 1966), viene portato all'esofago e gettato peristalticamente nel rumine. La saliva escreta dai ruminanti (6-16 Ld^{-1} nelle pecore e 98-190 L d^{-1} nelle vacche; Hobson, 1971) serve a bagnare i boli. La saliva è composta da molti sali, ma il più importante di tutti è il tampone bicarbonato/fosfato, che contribuisce a mantenere il pH del rumine tra 6 e 7. Non appena il bolo raggiunge il rumine, si mescola con il materiale già digerito grazie alle contrazioni della parete reticolo-rumena. Pertanto, la saliva viene ridistribuita, l'assorbimento degli acidi di fermentazione viene aumentato e il volume delle particelle vegetali ridotto, in modo da facilitare il loro passaggio dal rumine e dall'omaso all'abomaso. I venti prodotti come risultato della fermentazione microbica nel rumine vengono liberati attraverso la bocca dell'animale tramite l'eruttazione; infatti, la contrazione della parete del rumine determina la dislocazione del vento sul materiale vegetale digerito attraverso l'esofago, la bocca e l'uscita dall'animale.

Il flusso di materiale digerito del rumine è selettivo, quindi l'orifizio reticolo-omasale funge da filtro per le particelle vegetali che superano un certo volume. Questo orifizio canalizza i liquidi e le piccole particelle, di solito circa 1,5-2 mm nelle vacche e 1 mm nelle pecore (Ulyatt *et al.*, 1986; Ulyatt, Baldwin e Koong, 1976) e i microbi liberi nell'omaso, dove vengono assorbiti l'acqua e gli acidi di fermentazione. Le particelle vegetali più grandi rimangono nel reticolo, dove provocano ruminazione, rigurgito, masticazione e deglutizione di un nuovo bolo. Il tempo di ritenzione dei liquidi e delle piccole particelle, compresi i microrganismi, nel rumine è di circa 10-24 ore, mentre le particelle vegetali più grandi possono rimanere nel rumine per 2-3 giorni, tempo durante il quale si verifica un'estesa digestione microbica delle fibre vegetali (Hobson e Wallace, 1982).

La fisiologia digestiva dei ruminanti, che segue l'omaso, è simile a quella dei mammiferi monogastrici. Il materiale digerito passa dall'omaso all'abomaso, dove vengono espulsi pepsina e HCl e avviene la digestione delle proteine: l'idrolisi enzimatica e acida provoca la digestione della biomassa microbica, liberando aminoacidi, acidi grassi e vitamine, che diventano ulteriormente disponibili per l'animale. La digestione alcalina avviene nell'intestino tenue. L'intestino cieco e il colon sono i luoghi in cui avviene l'ulteriore fermentazione microbica delle carcasse non digerite, prima di eliminare le feci.

1.1.1 Condizioni ambientali nel rumine

I ruminanti dipendono dalla conversione microbica della biomassa vegetale, di cui utilizzano i prodotti per l'energia e la crescita. In cambio, i microrganismi dipendono dagli animali che forniscono loro continuamente materiale vegetale e un ambiente più o meno costante che ne favorisce la crescita. In questo modo, il rumine è un sistema continuo per la coltivazione dei microrganismi, a causa della natura eterogenea del substrato, in particolare del volume delle particelle e del loro peso specifico. Pertanto, i microrganismi nel rumine sono soggetti a condizioni ambientali diverse e le equazioni utilizzate per descrivere il chemostato ben miscelato (Pirt, 1975) non possono essere applicate in questo caso (Hobson e Wallace, 1982).

Il rumine mantiene la sua temperatura a 39° C (Lin, Patterson e Ladisch, 1985), principalmente grazie al calore liberato dal metabolismo aerobico degli animali, ma in parte grazie al calore della fermentazione microbica nel rumine. Il liquido del rumine ha un pH compreso tra 5,8 e 6,8; il valore esatto dipende dal tipo di alimento e dalla frequenza della somministrazione. La fermentazione di polimeri vegetali complessi in prodotti più semplici con i microrganismi del rumine porta alla produzione di tre principali acidi grassi volatili, normalmente presenti nella seguente razione: (Lin *et al.*, 1985): acetato (56-70%), propionato (17-29%) e butirrato (9-19%). Lo stadio gassoso nel rumine, oltre il materiale digerito, varia nei contenuti, ma normalmente contiene CO_2 (65%), CH_4 (27%), N_2 (7%), O_2 (0,6%), H_2 (0,2%) e H_2S (0,1%) (Hobson, 1971).

Durante l'alimentazione, una piccola quantità di aria entra nel rumine, ma l'ossigeno viene rapidamente consumato dai batteri anaerobi facoltativi, mantenendo così il potenziale redox del materiale digerito tra -250 e -450 mV (Hobson e Wallace, 1982). Le condizioni presenti nel rumine sono riassunte nella Figura 4.

1.1.2. Microrganismi nel rumine

L'ecosistema microbico del rumine è stabile e allo stesso tempo dinamico (Kamra, 2005). La stabilità è data dal fatto che il sistema stesso è ben impostato, nel funzionamento e nella bioconversione degli alimenti in acidi grassi volatili. Nei ruminanti sani, non c'è contaminazione dell'ecosistema, anche se milioni di microrganismi attaccano il rumine ogni giorno attraverso il cibo, l'acqua e l'aria. Ciò avviene perché i microrganismi del rumine sono adattati a sopravvivere alle condizioni del rumine, mentre i contaminanti non sopravvivono. Si tratta di anaerobiosi, elevata capacità tampone e pressione osmotica. D'altra parte, l'ecosistema è dinamico a causa della variazione della popolazione microbica dovuta al cambiamento degli alimenti e della frequenza di alimentazione.

Quando i giovani ruminanti nascono, non hanno i microrganismi che hanno gli animali adulti. Il latte arriva al rumine attraverso l'esofago e avviene una normale digestione, aiutata da lattobacilli e streptococchi, i principali microrganismi intestinali.

Tuttavia, quando l'animale inizia a pascolare, il rumine aumenta e l'animale ha bisogno di microrganismi, importanti per la sua ulteriore esistenza.'Quando il rumine è completamente sviluppato, è composto da molti batteri, protozoi e funghi che sono presenti nello stadio liquido associati a frammenti vegetali e come copertura dell'epitelio del rumine (Latham, 1980). La concentrazione di questa popolazione nel liquido del rumine è dell'ordine di 109-10^{10} ml^{-1} per i batteri, 105-106 ml^{-1} per i protozoi (Hungate, 1966) e circa 1*10^1 ml^{-1} per le zoospore fungine (Theodorou *et al.*, 1990). I funghi anaerobi sono stati notati per la prima volta nel rumine (Fonty *et al.*, 1987) e nelle feci (Theodorou *et al.*, 1994) di agnelli rispettivamente 8 giorni e 5 settimane dopo la nascita, e nelle feci dei bovini (Theodorou *et al.*, 1994) quattro settimane dopo la nascita.

Sorprendentemente, Fonty *et al.* (1987) hanno scoperto che i funghi anaerobi scompaiono dal rumine in 9 degli 11 agnelli studiati, dopo la somministrazione di cibo solido (al 21° giornost).

Secondo Eadie (1962) e Lowe *et al.* (1987), i protozoi, i batteri e i funghi anaerobi entrano nella bocca dei genitori durante la ruminazione e passano alla prole mentre questi si leccano i piccoli. I batteri del rumine vengono trasmessi alla prole anche attraverso l'aerosol (Hobson, 1971) e il cibo (Becker e Hsuing, 1929). In un modo o nell'altro, quando la prole smette di allattare, il suo rumine è completamente funzionale e in grado di digerire il cibo vegetale fibroso.

Attualmente sono stati descritti più di 200 tipi di batteri del rumine, ma i tipi dominanti coinvolti nella decomposizione della cellulosa nel rumine sono *Bacteroides succinogenes, Ruminococcus albus, R. flavefaciens* e *Eubacterium cellulosolvens*. Questi batteri si attaccano alla superficie della parete cellulare della pianta (Latham *et al.*, 1978; Stack e Hungate, 1984), formando fossette che decompongono la cellulosa (Alkin, 1980). L'emicellulosa viene decomposta da batteri cellulolitici, come *Butyvibrio fibriosolvens* e *Bacteroides ruminicola* (Hungate, 1966; Dehority e Scott, 1967). Altri componenti del materiale vegetale che vengono utilizzati dai batteri sono la pectina (*Lachnospira multiparus*), l'amido (*Bacteroides amylophilus*) e i lipidi *(Anaerovibrio lipilytica)* (Hobson, 1971; Hobson e Wallace, 1982). Alcuni batteri del rumine utilizzano anche i prodotti della fermentazione prodotti da altri microrganismi del rumine. Ad esempio, *Veillonella alcalescens*, *Megasphaera elsdenii* e *Selenomonas ruminantium* var. *lactilytica* utilizzano lattato o succinato e producono acetato o propionato come prodotti finali della fermentazione. I batteri metanogeni, come *Methanobacterium ruminantium* e *M. mobilis*, utilizzano formiato o H_2 e CO_2 come substrati per la crescita e la produzione di metano.

Nel rumine sono presenti tre gruppi di protozoi: i flagellati del rumine, gli entodiniamorfidi e gli olotritici (Williams, 1986). La maggior parte di essi non utilizza solo la biomassa vegetale come substrato di crescita, ma si nutre anche con altri microrganismi del rumine, attraverso la predazione. Degli oltre 100 tipi di protozoi del rumine descritti, nessuno cresce per via assenica, anche se circa 20 tipi crescono *in vitro*, in presenza di batteri. Gli animali privi di protozoi rimangono sani (Hobson e Wallace, 1982). Questo ci porta al fatto che i batteri e i funghi anaerobi sono i principali organismi responsabili della digestione del materiale vegetale negli erbivori.

1.2. La scoperta dei funghi anaerobi

La sopravvivenza dei mammiferi erbivori dipende dalla simbiosi con i microogranismi presenti nel loro apparato digerente. La dieta a base di erba per i mammiferi erbivori che pascolano è costituita da carboidrati vegetali come la cellulosa e l'emicellulosa, che gli animali stessi non sono in grado di digerire. Invece, i microrganismi simbiotici del tratto alimentare, in particolare nel rumine dei ruminanti e nel cieco e nell'intestino posteriore dei non ruminanti, idrolizzano questi composti in condizioni anaerobiche, producendo cellule microbiche e acidi grassi volatili (VFA) che gli animali possono utilizzare come fonti di nutrimento. (Hungate, 1966; Bauchop e Clarke, 1977; Hobson, 1988). Per comprendere e controllare la digestione dei carboidrati vegetali e migliorare la produzione dei ruminanti, la popolazione microbica del rumine nelle pecore e negli animali domestici è stata studiata intensamente (Hungate, 1966; Bauchop e Clarke, 1977; Hobson, 1988).

La popolazione microbica del rumine è diversa e, fino alla scoperta dei funghi anaerobi, si riteneva che fosse costituita principalmente da batteri anaerobi e facultativamente anaerobi, ciliati e flagellati. I primi lavori (Liebetanz, 1910; Braune, 1913) documentano l'esistenza di uniflagellati, biflagellati e multiflagellati nel contenuto del rumine, ritenendoli protozoi flagellati. Questi organismi sono stati inseriti nei generi *Callimastix, Oikomonas, Monas* e *Sphaeromonas*. Organismi multiflagellati simili a *Callimastix frontalis* descritti da Braune (1913) nel rumine sono stati successivamente ritrovati in habitat diversi; *C. equi* Hsuing è stato trovato nell'intestino del cavallo (Hsuing, 1929), *C. jolepsi* nei polmoni (Bovee, 1961) e *C. cyclopsis* nel copepode *Cyclops stenuus* (Vavra e Joyon, 1966).

Lo stato degli orgnaismi miltiflagellati provenienti dall'intestino cieco e dai polmoni di cavallo doveva essere determinato, ma *C. cyclopsis* è stata parzialmente esaminata. (Vavra e Joyon, 1966). Si scoprì che il flagellato era in realtà una zoospora fungina con uno stadio vegetativo plasmodico che si sviluppava nella cavità corporea dell'ospite - copepode - e a maturità portava alla crescita dei flagellati. Si riteneva che i flagelli avrebbero poi infettato un nuovo ospite per continuare il ciclo vitale. Poiché questa specie è stata identificata come un fungo e non come un protozoo, è stato suggerito di riclassificare i flagellati del rumine con flagelli multipli, che si riteneva fossero ancora protozoi flagellati, come specie di zooflagellati nel nuovo *Neocallimastix* (Vavra e Joyon, 1966), con *frontalis* (Braune, 1913) come tipo.

La prima relazione sull'isolamento di un fungo anaerobio, del tipo *Neocallimastix*, è stata presentata nel 1975 (Orpin). L'organismo è stato isolato durante il tentativo di isolare e coltivare protozoi flagellati anaerobi del contenuto del rumine di pecore, utilizzando la procedura pubblicata (Jensen e Hammond, 1964). I flagellati crescevano realmente in una coltura, ma non era possibile separarli da quelli che sembravano essere funghi vegetativi. Ben presto si evidenziò che i flagellati erano liberati da strutture riproduttive create sul rizoide fungino e che il ciclo vitale dell'organismo consiste nell'alternanza tra zoospore mobili, flagellate, e rizoide vegetativo che porta le strutture riproduttive. L'organismo era simile sia morfologicamente che nel ciclo vitale ai funghi chytridiomycota, ma era strettamente anaerobio. Fino ad allora i funghi erano considerati aerobi o facultativamente anaerobi, e l'individuazione di microrganismi simili ai chytridiomycota, ma in grado di crescere in condizioni chimicamente ridotte, in assenza di ossigeno molecolare, era una novità. A causa della natura rivoluzionaria della scoperta, l'accettazione da parte dell'associazione scientifica avvenne lentamente. La presenza di chitina nelle pareti cellulari di questi organismi e di altri simili (Orpin, 1977) era una conferma che si trattava davvero di funghi, oltre al fatto che erano strettamente anaerobi.

Da allora, i metodi di isolamento e coltivazione dei funghi anaerobi sono migliorati, per cui gli organismi possono essere isolati di routine da habitat adeqauti con poche difficoltà. I funghi anaerobi sono ora considerati componenti normali della popolazione microbica del rumine.

Il motivo per cui i funghi del rumine sono rimasti sconosciuti fino al 1975, mentre le ricerche sui batteri anaerobi e sui protozoi sono andate avanti, non è difficile da capire. In particolare, i flagellati dei funghi del rumine sono stati descritti come protozoi flagellati. D'altra parte, l'attività dei protozoi flagellati nel rumine è limitata a causa della loro scarsa densità di popolazione, e si ritiene anche che siano di scarsa importanza nel metabolismo del rumine. In questo modo, anche i flagellati fungini sono stati ignorati. Inoltre, i microbiologi del rumine spesso filtravano il contenuto del rumine attraverso una benda per rimuovere i grandi frammenti vegetali prima delle analisi microbiologiche, come afferma Bauchop (1979a). Di conseguenza, i microbiologi separavano la maggior parte della crescita vegetativa dei funghi dal loro materiale di lavoro e solo grazie all'introduzione di Orpin (1977a, 1977b) sull'invasione dei tessuti vegetali con flagellati di funghi del rumine e al microscopio elettronico a scansione di Bauchop (1980), è stata percepita l'importanza della separazione delle particelle vegetali del contenuto del rumine. La crescita fungina è normalmente in stretta relazione con i frammenti digeriti. Tuttavia, la manipolazione brusca durante il gocciolamento del contenuto del rumine a volte danneggia la crescita fungina vegetativa e rompe gli sporangi dai rizoidi. Questi sporangi si distinguono dai protozoi nel liquido del rumine filtrato per l'assenza di mobilità, l'alta rifrazione e la mancanza di ciglia; contengono placche non scheletriche e sono solitamente corti, attaccati al rizoide.

Ulteriori ragioni per cui i funghi del rumine sono rimasti finora sconosciuti sono le difficoltà di isolare i funghi dal contenuto del rumine senza usare antibiotici per sopprimere la crescita dei batteri (Orpin, 1975; Orpin, 1977b; Orpin, 1976; Theodorou e Trinci, 1989) e la necessità di isolare da piccole soluzioni di liquido del rumine. Questo avviene di solito in un range di $10\text{-}3\text{-}10^{-5}$, molto più basso rispetto all'isolamento dei batteri anaerobi del rumine. In questo modo, i colloni dei funghi anaerobi molto probabilmente non saranno osservati durante l'isolamento dei batteri del rumine.

Tutti i funghi anaetobici isolati finora vivono nel rumine e nel reticolo dei ruminanti, nello stomaco anteriore dei cammelli e dei marsupiali macropodi, oppure nell'intestino cieco e nell'intestino crasso di altri animali, soprattutto grandi erbivori. Nei ruminanti, possono essere isolati da tutte le parti del tratto gastrointestinale e dalle feci, ma ci sono pochi dati che dimostrano che crescono in un altro organo oltre al rumine. I numerosi tentativi di isolarli da altri habitat, come le lagune anaerobiche, si sono rivelati infruttuosi (Orpin e Joblin, 1988; Bauchop, 1989).

Ciò che è importante è che l'intera conoscenza dei funghi anaerobi parte dal 1975; la scoperta di questo insolito gruppo di eucarioti, che è un fenomeno raro, si riflette ora negli importanti sforzi degli scienziati di tutto il mondo per comprendere la loro ecologia, biochimica, filogenesi e ruolo nell'alimentazione degli erbivori.

Nella Repubblica di Macedonia questo è il primo studio che analizza i funghi anaerobi negli animali erbivori domestici e selvatici.

1.3. Posizione tassonomica

La sola ultrastruttura dei funghi anaerobi, il loro adattamento al tratto gastrointestinale degli erbivori e la loro presenza tra animali filogeneticamente diversi ci insegna che potevano esistere come gruppo separato fino al momento in cui questi mammiferi hanno iniziato a divergere, almeno 120 milioni di anni fa (Munn, 1994). Sebbene si sappia relativamente poco sulla tassonomia dei funghi anaerobi, in generale si sa che sono funghi produttori di zoospore e che dovrebbero appartenere alla classe dei *Chytridiomycetes*. L'ordo *Spizellomycetales* in *Chytridiomycetes* è stato stabilito da Barr (1980) con la divisione di *Chytridiales per* spiegare le differenze nell'ultrastruttura delle zoospore (http://www.indexfungorum.org). In ogni caso, ci sono molte somiglianze tra le famiglie e i generi di entrambi gli ordini (*Spizellomycetales* e *Chytridiales*).

Sono noti sei ordini: Neocallimastix, Piromyces, Orpinomyces, Anaeromyces, Caecomyces e, recentemente, Cyllamyces (Ozkose *et al.*, 2001).

Per il momento i funghi anaerobi sono classificati come segue (Barr, 1988; Barr *et al.*, 1989):

Regnum: Mycota

Phylum: Eumycota

Subphylum: Mastigomycotina

Classis: Chytridiomycetes

Ordo: Spizellomycetales*

Famillia: Neocallimasticaceae

Genere:

monocentrico:

    Caecomyces (le zoospore hanno uno o due flagelli)

    Neocallimastix (le zoospore hanno 4-20 flagelli)

    Piromyces (le zoospore hanno 1-4 flagelli)

policentrico:

    Orpinomyces (le zoospore sono multiflagellate)

    Anaeromyces (le zoospore hanno un solo flagello)

    Cyllamyces (le zoospore hanno un solo flagello)

*Li, Heath e Packer (1993) suggeriscono che i funghi anaerobi dovrebbero appartenere a un nuovo ordo, Neocallimasticales.

L'ordo dei funghi anaerobi è definito in base alla morfologia del tallo (monocentrico o policentrico), al tipo di rizoide (filamentoso o filiforme) e al numero di flagelli in una zoospora, e i tipi si differenziano soprattutto in base ai dettagli dell'ultrastruttura della zoospora (Munn, Orpin e Greenwood, 1988; Munn 1994).

Le analisi delle sequenze di RNA ribosomiale 18S sono utilizzate per determinare i legami filogenetici tra i funghi anaerobi, i fitopodi aerobi e altri eucarioti. È stato concordato che i funghi anaerobi del rumine costituiscono un gruppo monofiletico con una similarità di sequenza del 97-99% (Dore e Stahl, 1991), anche se i legami nel gruppo non sono ancora chiari. Le analisi condotte sulla regione ITS1 della sequenza dei geni rRNA suggeriscono che *Neocallimastix* (zoospore multiflagellate), *Piromyces* (zoospore monoflagellate) e *Orpinomyces* (zoospore multiflagellate) sono strettamente correlati, mentre *Anaeromyces* (zoospore monoflagellate) sono diversi da questi generi (Li e Heath, 1992). Sempre Munn (1994) è giunto alla conclusione che avere zoospore multiflagellate o monoflagellate non è una differenza banale, e ipotizza che la familia (separata da *Neocallimasticaceae*, che continua a contenere funghi anaerobi multiflagellati) dovrebbe essere innalzata, per adeguare i tipi monoflagellati di funghi anaerobi. I dati della sequenza in sé non possono risolvere tutti i quesiti tassonomici posti dai funghi anaerobi. Le analisi cladistiche della sequenza o le caratteristiche morfologiche, ultrastrutturali e di altro tipo saranno molto importanti in futuro, per comprendere meglio lo status tassonomico di questi microrganismi unici.

Secondo Barr (1988), il problema principale nella sistematica dei *Chytridiomycetes* è che molti tipi mostrano grandi variazioni morfologiche. Infatti, alcuni tipi sono studiati in coltura pura e le loro variazioni morfologiche sono così ampie che nella letteratura classica si possono trovare pochi criteri specifici o generici. Di conseguenza, il microscopio elettronico a trasmissione è stato utilizzato per confermare la tassonomia dei Chytridiomecetes (Heath *et al.*, 1983). Particolare attenzione è stata rivolta alla struttura fine dei cinetosomi e delle strutture aggiuntive come strumento per caratterizzare i *Chytridiomycetes*. In ogni caso, lo sviluppo morfologico osservato al microscopio ottico fornisce dati sufficienti a determinare il taxon, e la crescita viene esaminata anche in un terreno costante definito (Barr *et al.*, 1989).

Nei funghi anaerobi e in altri *Chytridiomycetes*, c'è una grande variazione nella morfologia in isolati chiari che crescono in diversi terreni e in colture singole in diversi stadi di età. Ciò si riferisce in particolare a *Neocallimastix* spp. e *Piromyces* spp.

Di conseguenza, si raccomanda di utilizzare il mezzo di Heath (1988), se possibile, nello studio della morfologia comparativa e nell'identificazione di nuovi isolati.

Tabella 1. Chiave per l'identificazione dei funghi anaerobi a livello generico.

1.	Vegetative growth/monocentric	2
	Vegetative growth/polycentric	5
2.	Zoospores with more than 7 flagella, usually 7-15	*Neocallimastix*
	Zoospores with 1-4 flagella	3
3.	Vegetative growth with threadlike rhizoids	4
	Vegetative growth without threadlike rhizoids, rhizoid philaments	*Piromyces*
4.	Only bulbous rhizoids and (in old cultures) thick philaments	*Sphaeromonas*
	Several fibriral rhizoids are present, or rhizoid corals	*Caecomyces*
5.	Uniflagellate zoospores	*Ruminomyces* *Anaeromuces*
	Multiflagellate zoospores	*Orpinomyces*

Tabella 2. Presenza di funghi anaerobi nei ruminanti.

Type of animals	Type of fungi found	Reference
Domestic sheep (*Ovis aries*)	N, P, S, O	Orpin, 1975; Orpin, 1977b; Orpin, 1976; Lowe, Theodorou, Trinci, 1987d
Domestic cattle (*Bos taurus*)	N, P, S, O, A	Bauchop, 1979a; Heath *et al.*, 1983; Barr *et al.*, 1989; Ho *et al.*, 1990

N= *Neocallimastix* spp.; P= *Piromyces* spp.; S= *Sphaeromonas* spp.; O= *Orpinomyces* spp.;

Domestic cattle (*Bos indicus*)	N, P	Phillips, 1989; Ho, Abdullah, Jalaludin, 1988b
Domestic goat (*Capra hircus*)	N, S, P	Orpin and Joblin, 1988
Barbary sheep (*Ammotragus lervia*)	S, N	Orpin and Joblin, 1988
Gaur (*Bos gaurus*) (feces)	S, N	Milne *et al.*, 1989
Musk-ox (*Ovibos moschatus*)	S, P	Orpin and Joblin, 1988
Mouflon (*Ovis ammon musimon*)	S, N, P	Orpin and Joblin, 1988
Water buffalo (*Bubalus arnee*)	S, N, O	Phillips, 1989; Ho, Abdullah, Jalaludin, 1988a
Red deer (*Cervus elephus*)	Sp	Bauchop, 1980
Impala (*Aeryceros melampus*)	Sp	Milne *et al.*, 1989
Reindeer (*Rangifer tarandus*)	N	Orpin and Joblin, 1988
Svalbard reindeer (*Rangifer tarandus platyrhunchus*)	N	Orpin *et al.*, 1986

A= *Anaeromyces* spp.; Sp= sporangi non definiti trovati nel contenuto del rumine.

1.4. Distribuzione in natura

In molti ruminanti (Tabella 2) ed erbivori non ruminanti (Tabella 3) è stata osservata o isolata la presenza di funghi anaerobi uniflagellati e multiflagellati. Finora, però, nel tratto gastrointestinale degli erbivori non ruminanti sono stati trovati solo tipi uniflagellati monocentrici; i tipi multiflagellati si trovano solo nei ruminanti e nei cammelli (Orpin e Joblin, 1988). Tipi policentrici sono stati isolati da mucche e da un bufalo d'acqua (Barr *et al.*, Breton *et al.*, 1989; Ho *et al.*, 1990; Akin *et al.*, 1988; Phillips, 1989) e da una pecora. Sono stati fatti esperimenti (Orpin, 1961) per isolare la multiflagellata *Neocallimastix equi* che era stata osservata nel contenuto dell'intestino cieco di un cavallo (Hsuing, 1929), ma nessuna cellula simile a questo tipo è stata osservata in alcuni cavalli esaminati in Inghilterra (Orpin, 1961) o in tre animali provenienti dall'Australia, per cui non si può ancora giungere a nessuna conclusione sullo stato di questi organismi oltre all'annuncio che *"C. equi* du colon des Equides (Hsuing, 1929) est sans doute synonyme de *C. frontalis"'*, cioè "*C. equi* dell'intestino crasso di Equides (Hsuing, 1929), è senza dubbio un sinonimo di *C. frontalis*" (Vavra e Joyon, 1966).

Bauchop (1989) sostiene la presenza di funghi anaerobi nello stomaco anteriore di diversi marsupiali macropodi. La presenza di funghi anaerobi nello stomaco anteriore del canguro grigio orientale *(Macropus giganteus)* è certificata (Bauchop, 1983), e sono stati isolati da feci di *Macropus robustus,* ma non da feci del canguro grigio orientale. Tutti i tipi isolati da entrambi gli animali erano monocentrici, uniflagellati e simili a Piromyces. Inoltre, è interessante menzionare che i tipi uniflagellati sono stati isolati da due campioni di *Rodentia:* mara e una volta una cavia (Orpin, 1976); la ricerca di altri Rodentia (grandi) può mostrare la presenza di altri funghi anaerobi.

Tabella 3. Presenza di funghi anaerobi nei mammiferi erbivori non ruminanti.

	Fungi	Place	Reference
Camelidae			
Dromedary (*Camelus dromedarius*)	N	Fs	Bauchop, 1983
Guanaco (*Lama guanicoe*)	N, P	Fs	Bauchop, 1983
Odd-toed ungulate *(Pessidactylia)*			
Horse (*Equus caballus*)	P, C	Ce, Fe	Bauchop, 1980; Gold et al., 1988; Li et al., 1990
Donkey (*Equus asinus*)	P, C	Fe	Bauchop, 1983
Zebra (*Equus caballus*)	Sp	Fe	Bauchop, 1983
Asian elephant (*Elephas maximus*)	P	Fe	Li et al., 1990; Teunissen et al, 1991
African Bush elephant (*Loxodonta africana*)	P, S	Fe	Bauchop, 1980; Teunissen et al., 1991
Black rhinoceros (*Diceros bicornis*)	P	Fe	Teunissen et al., 1991
Indian rhinoceros (*Rhinoceros unicornis*)	P	Fe	Teunissen et al., 1991
Rodent (*Rodentia*)			
Mara (*Diplochotis patagonum*)	P	Fe	Teunissen et al., 1991
Brazilian guinea pig (*Cavia aperea*)	S	Ce	Orpin, 1976
Macropods *(Macropodidae)*			
Eastern grey kangaroo (*Macropus giganteus*)	P	Fs	Bauchop, 1983
Common wallaroo (*Macropus robustus*)	P	Fe	Bauchop, 1983
Red-necked wallaby (*Macropus rufogriseus*)	Sp	Fs	Bauchop, 1983
Wallaby (*Macropus bicolor*)	Sp	Fs	Bauchop, 1983

N= *Neocallimastix* spp.; P= *Piromyces* o tipi simili a *Piromyces;* C= *Caecomyces* spp.; S= tipi simili a *Sphaeromonas;* Sp= sporangio e crescita vegetativa osservata nelle feci o nel contenuto di un organo; Fs= stomaco anteriore; Ce= cieco; Fe= feci.

Ci sono animali in cui i funghi anaerobi non sono stati evidenziati (Orpin e Joblin, 1988), tra cui *Capreolus,* muntjac indiano *(Muntiacus muntjac),* red brocket *(Mazama americana),* ippopotamo *(Hippopotamus amphibius),* ippopotamo pigmeo *(Choeropsis liberiensis),* panda gigante *(Ailuropoda melanoleuca),* cinghiale *(Sus scrofa),* coniglio europeo *(Oryctolagus cuniculatus),* lepre europea *(Lagus europaeus),* criceto dorato *(Mesocricetus auratus),* Meriones unguiculatus- Rodentia, topo domestico *(Mus domesticus),* ratto di campagna *(Rattus norvegicus),* coypu (*Myocaster coypus*), koala (*Phascolarctos cinereus*), opossum comune a coda di spazzola (*Trichosurus vulpecula*), balenottera (*Balaenoptera acutorostrata*) e iguana marina *(Amblyrhynchus cristatus).* Per tutti i tipi sono stati esaminati campioni prelevati dal rumine, dallo stomaco anteriore o dall'intestino cieco, tranne che per l'ippopotamo e il panda, per i quali sono state fornite solo le feci. Per individuare i funghi anaerobi sono stati eseguiti metodi colturali, tranne che per l'esempio del brocco rosso e dell'iguana marina, per i quali è stato fornito solo materiale fisso. È interessante menzionare che i ruminanti separati che non hanno funghi anaerobi sono piccoli, con un flusso ruminale consecutivamente elevato e sono mangiatori selettivi che si nutrono solo di erba nuova o (il brocco rosso) di noci di palma. Poiché il numero di alcuni tipi esaminati o il campione esaminato erano in quantità ridotta, è molto probabile che i funghi anaerobi si trovino anche in alcuni di questi microrganismi.

1.4. Trasferimento di funghi anaerobi tra gli erbivori

I mammiferi erbivori appena nati sono privi di flora microbica e la acquisiscono solo dopo essere stati a contatto con animali più anziani. I funghi anaerobi sono stati trovati nei ruminanti adulti, ma non in molti animali giovani che vengono nutriti con il latte (Fonty *et al.,* 1987).

Il leccamento dei giovani animali è ritenuto il modo più importante per inoculare batteri e protozoi (Becker e Hsuing, 1929; Eadie, 1962). Alcuni tipi di batteri ruminali sono stati isolati da campioni di aria raccolti da stalle di vacche e forniscono informazioni sul trasferimento di questi microrganismi tra gli animali tramite aerosol, cibo o, più comunemente, acqua potabile (Mann, 1963). I batteri del rumine, ma non i protozoi del rumine, possono essere isolati dalla materia fecale (Orpin, 1966; Hobson, 1971), per cui si suppone che in questo modo venga fornita una via alternativa per il loro trasferimento. Isolando funghi anaerobi da saliva e feci di pecore, si è concluso che qualsiasi via può portare al trasferimento e al popolamento di giovani animali con funghi anaerobi (Lowe *et al.,* 1987d).

Tuttavia, i ruminanti non sono normalmente legati alla coprofagia, quindi il trasferimento di funghi anaerobi con le feci non è probabile, anche se potrebbero verificarsi contatti improvvisi con le feci, in particolare la contaminazione degli alimenti. Ciononostante, i funghi anaerobi possono derivare abitualmente dalle feci, probabilmente da strutture di sopravvivenza. Queste strutture potrebbero essere disseminate dalle feci di piante in natura, consentendo così il trasferimento di funghi anaerobi tra gli erbivori.

1.5. Ciclo di vita dei funghi anaerobi

Il ciclo vitale dei funghi anaerobi nello stomaco comprende due fasi: zoospore mobili nel liquido gastrico e tallo fungino associato alla digestione. La durata è di circa 24-32 ore *in vitro* e in *vivo*, anche se in condizioni migliori la genesi delle zoospore può avvenire entro 8 ore dalla cista (Orpin, 1977; Lowe *et al.*, 1987; France *et al.*, 1990; Theodorou *et al.*, 1993). Le zoospore possono rimanere nel fluido gastrico per diverse ore prima di atterrare in frammenti di piante e di incistarsi, oppure possono incistarsi dopo alcuni minuti dalla liberazione dello zoosporangio (France *et al.*, 1990; Lowe *et al.*, 1987). È stata dimostrata una risposta emotossica agli zuccheri disciolti nelle zoospore di *Neocallimastix* sp. E questo potrebbe contribuire alla loro localizzazione in frammenti vegetali ingeriti festosamente (Orpin e Bountiff, 1978). Le zoospore incistate germinano e producono un tallo fungino che viene mostrato su un frammento vegetale e consiste in un sistema rizoide con uno (tipi monocentrici) o più (tipi poicentrici) zoosporanghi. I rizoidi possono essere densamente diffusi ma possono ridursi verso l'apice come nel caso di *Anaeromyces, Orpinomyces, Neocallimastix, Piromyces* spp. oppure possono essere costituiti da uno o più corpi sferici (supporti o haustoria) come nel caso di *Caecomyces* spp. (Orpin 1976, 1977b; Gold *et al.*, 1988). Le prove suggeriscono che la scarica delle zoospore induce un'emorragia solubile nell'acqua o in altri componenti che entrano nello stomaco attraverso il cibo (Orpin e Greenwood, 1986).

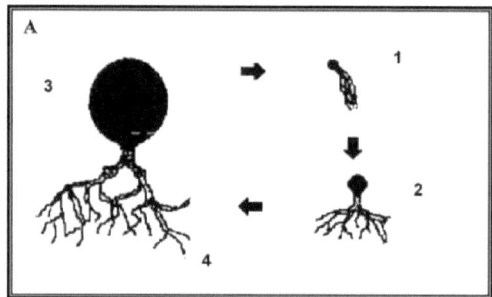

Figura 4. Ciclo di vita dei funghi anaerobi monocentrici.

1- zoospora; 2- zoospora germinativa; 3- sporangio; 4- rizomicelio vegetativo

Lo sviluppo fungino monocentrico è descritto come endogeno, in cui il nucleo rimane nella zoospora encistata che si allarga in uno zoosporangio o esogeno, in cui il nucleo migra fuori dalla zoospora e lo zoosporangio si forma in un tubo germinativo o sporangioforo (Karling 1978; Barr *et al.*, 1989; Ho *et al.*, 1993c). In entrambi i tipi di sviluppo, uno zoosporangio proviene da un tallo e i nuclei si moltiplicano nello zoosporangio che si sta sviluppando, ma sono assenti nel sistema rizoide (Lowe *et al.*, 1987c). La genesi delle zoospore porta quindi alla produzione di un tallo vegetativo anucleare che non è in grado di svilupparsi ulteriormente. Dopo il rilievo delle zoospore in funghi anaerobi monocentrici, il resto del tallo si autolimita senza ulteriore sviluppo. (Lowe *et al.*, 1987, 1987b).

Dopo l'encystation, le zoospore dei funghi policentrici creano rizoidi germinativi in cui i nuclei migrano (Barr *et al.*, 1989; Gaillard *et al.*, 1989), in modo tale che le zoospore sono ulteriormente inutili. (Breton *et al.*, 1989). In seguito, si sviluppa un rizomicelio nucleare completamente diffuso con zoosporangi che si formano su sporangiofori singoli o a gruppi di sei. Gli sporangiofori si sviluppano intercalari o terminali dei rizoidi (Barr *et al.*, 1989; Breton *et al.*, 1989; Ho *et al.*, 1990). Quando lo sporangio matura, libera zoospore che hanno 1-16 flagelli (Breton *et al.*, 1989, 1990; Ho *et al.*, 1990). Barr (1983) ritiene che lo sviluppo del tallo policentrico sia un passo importante nell'evoluzione dei citridiomiceti, che consente la produzione di molti zoosporangi sul tallo e la capacità di riproduzione vegetativa con la frammentazione del rizomicelio. Rispetto ai funghi monocentrici, i policentrici hanno un ciclo vitale indeterminato e sono meno dipendenti dalla formazione di zoospore nel loro ulteriore sviluppo.

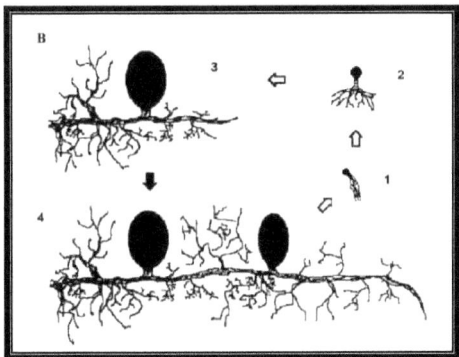

Figura 5. Ciclo di vita dei funghi anaerobi policentrici.

1- zoospora; 2- zoospora germinativa; 3- sporangio; 4- rizomicelio vegetativo.

Nei funghi policentrici, il nucleo migra all'esterno della zoospora e va in mitosi nel rizomicelio, formando così più zoosporanghi (Trinci *et al.*, 1994). Quindi, sia nel rizomicelio che nello sporangio è presente un nucleo (Trinci *et al.*, 1994). Lo zoosporangio si forma su una zoosporangiofora, prodotta dal rizomicelio (Barr, 1983). Lo sporangioforo si sviluppa internamente o terminalmente al rizoide, quindi lo sporangio maturo rilascia zoospore che hanno 1-16 flagelli (Breton *et al.*, 1989, 1990; Ho *et al.*, 1990). Lo sviluppo di talli policentrici è un fattore importante nell'evoluzione dei citridiomiceti, poiché il tallo produce molti sporangi ed è in grado di riprodursi vegetativamente con la frammentazione del rizomicelio. Pertanto, non dipendono dalla formazione di zoospore per la ruminazione continua (Trinci *et al.*, 1994).

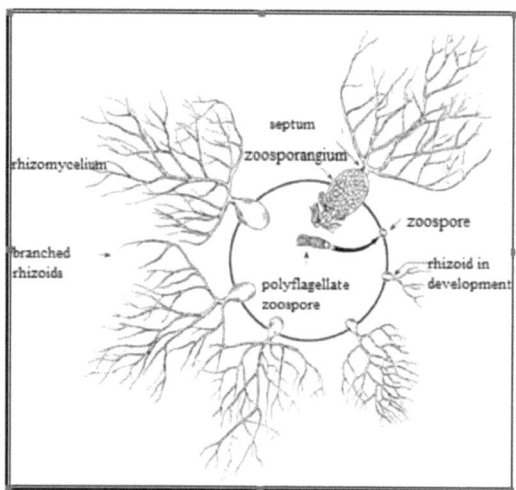

Figura 6.   Diagramma di presentazione del ciclo di vita dei funghi anaerobi.

Una fase importante ma meno comprensibile del ciclo di vita dei funghi è quella in cui ruminano per un lungo periodo di essiccazione ed esposizione all'ossigeno (Lowe *et al.*, 1987b). I funghi anaerobi producono strutture ruminanti - cisti o sporangi resistenti - nelle feci (Theodorou *et al.*, 1996). Tuttavia, le zoospore e i talli vegetativi non sopravvivono più di un giorno nelle condizioni prevalenti al di fuori dell'animale (Orpin, 1981; Lowe *et al.*, 1987d; Milne *et al.*, 1989). Nei chitridi anaerobi, le strutture resistenti si formano attraverso la riproduzione sessuale o la formazione di zoosporangia resistente o di una cisti (Karling, 1978). La necessità di tali forme nei funghi non è stata affermata, ma la possibilità di isolarle da feci che sono state all'aria fino a nove mesi, ci porta a pensare che esistano forme resistenti (Milne *et al.*, 1989; Davies, Theodorou e Trinci, 1990; Theodorou *et al.*, 1990, 1994; Davies *et al.*, 1993). Sono state isolate forme resistenti da *Neocallimastix* sp. che presentano pareti melanizzate e contengono nel nucleo una quantità di DNA quattro volte superiore a quella delle zoospore (Trinci *et al.*, 1994).

1.6. Composizione chimica dei funghi anaerobi

1.7.1. Carboidrati

Le analisi dei funghi anaerobi del rumine indicano che fino al 40% della massa secca della parete cellulare è costituita da chitina (Orpin, 1977). In *N. patriciarum* la percentuale è di circa l'11,8%, mentre in *P. communis del* 7,8%. Gli altri tipi di *Piromyces* (Phillips e Gordon, 1989) contengono un alto livello di chitina, il che indica una diversità tra gli isolati *di Piromyces* dei ruminanti. La chitina viene parzialmente digerita nel rumine (Patton e Chandler, 1975), quindi alcuni residui della parete cellulare rimangono nel rumine e, dopo la liberazione delle zoospore, non vengono digeriti. La ruminazione della parete cellulare dei funghi del rumine non è stata ancora esaminata, anche se è noto che la digeribilità dei funghi del rumine nel liquido del rumine è elevata (Kemp *et al.*, 1985). Tuttavia, è noto che altri organismi del rumine contengono chitina. L'esame della chitina come marcatore viene utilizzato per misurare i funghi collegati al digestato, *in vitro*, in esperimenti di fermentazione con preparati inoculati nel liquido del rumine (Akin, 1987) e per misurare la biomassa fungina nel rumine (Argyle e Douglas, 1989).

Carboidrati simili al glicogeno sono presenti anche nelle zoospore e nella crescita vegetativa di *N. patriciarum* (Munn *et al.*, 1981; Munn *et al.*, 1988), *N. frontalis* (Heath *et al.*, 1983), *Piromyces communis* e *Sphaeromonas communis* (Munn *et al.*, 1988). In *N. frontalis* occupano il 35-40% della massa secca (Phillips e Gordon, 1989). Poiché tutti i funghi anaerobi sono colorati di marrone con lo iodio, è molto probabile che tutti contengano polisaccaridi simili al glicogeno.

1.7.2. Alcoli dello zucchero

I polioli aciclici sintetizzati dalla maggior parte degli *Eumycota* sono significativi dal punto di vista tassonomico (Pfyffer *et al.*, 1986; Rast e Pfyffer, 1989) e potrebbero essere utilizzati per confermare le relazioni tassonomiche. I funghi anaerobi *N. patriciarum* e *P. communis* contengono glicerolo come unico alcol aciclico (Pfyffer *et al.*, 1990). Ciò è in contrasto con gli altri funghi chytriodiomiceti *Allomyces arbuscula* e *Blastocladia emersonii*, che contengono principalmente mannitolo e arabitolo come principali alcol aciclici (Pfyffer e Rast, 1980). Poiché i funghi anaerobi si insediano in habitat diversi, la differenza chemiotassonomica supporta l'insediamento di tipi anaerobi in diversi taxon.

1.7.3. Lipidi

I lipidi sono stati esaminati in *P. communis, N. patriciarum* e *N. frontalis* (Kemp *et al.,* 1984; Body e Bauchop, 1985). Il contenuto lipidico di questi tre tipi è simile in molti punti. I principali fosfolipidi sono la fosfatidiletanolamina, le fosfatidilcoline e il fosfatidilinositolo. Sfingolipidi, glicolipidi, plasmalogeni e lipidi fosforilici sembrano essere assenti. La sintesi dei lipidi a catena lunga inizia con glicosio e acetato (Kemp *et al.,* 1984). Inoltre, gli acidi grassi a catena corta e lunga di un mezzo possono essere incorporati in lipidi complessi.

Il tipo di acido grasso riflette le condizioni di crescita anaerobica. Ad esempio, non sono stati rilevati acidi polienici. Essi necessitano di ossigeno per la sintesi e sono spesso presenti nei funghi anaerobi. L'alto livello di acidi monoenoici con catene lunghe fino a S24 è stato rilevato in tutti e tre i tipi. Il più comune è l'acido oleico (18:1 *cis),* che rappresenta il 70% del totale degli acidi grassi *n-insaturi* in *N. patriciarum.* È stato dimostrato che l'oleato si sintetizza con l'allungamento della catena degli acidi saturi fino allo stearato, che poi si desatura in oleato. Questa reazione indica una desaturazione indipendente dall'ossigeno, perché l'esclusione dell'ossigeno dal sistema porta alla desaturazione dello stearato. Inoltre, non vi sono prove della presenza di citocromi, necessari se l'ossigeno fosse un accettore terminale.

Le frazioni lipidiche neutre di *P. communis* e *N. patriciarum* contengono squalene e un triterpenoide, il tetrahymanol (Kemp *et al.,* 1984). Gli steroli non sono stati rilevati e si presume che gli steroli presenti nelle membrane subcellulari di queste pareti siano stati sostituiti da squalene e tetrahymanol. In assenza di ossigeno, è improbabile che si verifichi la sintesi dello sterolo, poiché l'ossigeno è necessario per la ciclizzazione dello squalene negli organismi anaerobi (Tchen e Bloch, 1957). La nistatina e l'amfotericina V, antibiotici popolari che inibiscono la sintesi dello sterolo, non sono efficaci nell'inibizione di *N. hurleyensis* (Lowe *et al.,* 1987), e questo non fa che confermare che la sintesi dello sterolo in questi funghi molto probabilmente non compare.

1.7.4. Contenuto di aminoacidi e proteine

Il contenuto proteico di *Neocallimastix* spp. e *Piromonas communis* è elevato, circa il 2530% della massa secca (Kemp et al., 1985; Gulati et al., 1989), con un contenuto di aminoacidi simile a quello della caseina (Kemp et al., 1985), il che indica che questi funghi potrebbero contribuire in modo significativo a fornire aminoacidi agli animali.

La ruminazione di alcuni funghi del rumine all'esterno dell'animale indica che si è sviluppata una condizione di resistenza alla digestione oppure che i funghi possono tollerare una digestione parziale e rimanere in vita. D'altra parte, la ricerca al microscopio del contenuto rosso non rivela zoospore in movimento in nessuna delle parti del sistema, tranne che nel rumine.

Rispetto ai ruminanti, nei fermentatori dell'intestino posteriore è stata notata l'assenza di crescita vegetativa nelle feci (Orpin, 1961; Gold et al., 1988).

I funghi del rumine *Neocallimastix* spp. possono assumere e incorporare lisina, tirosina e meionina invariate nelle proteine celulari (Gulati et al., 1989). L "aggiunta di aminoacidi in un terreno di coltura minimo definito, utilizzato per la crescita *di N. patriciarum*, provoca un ingrossamento (Orpin e Greenwood, 1986). D'altra parte, sono stati condotti esperimenti in cui il terreno di coltura era fornito solo di ioni amonio e L-cisteina, e la crescita dei tipi è stata evidenziata. Ciò suggerisce che tutti gli aminoacidi cellulari potrebbero essere sintetizzati da questi due composti.

1.7. Metabolismo

I funghi anaerobi, di cui si ottengono tre tipi in coltura pura *(Neocallimastix* spp., *Sphaeromonas* spp. e *Piromyces* spp, (Orpin, 1977) costituiscono una popolazione ubiquitaria di funghi che popolano il rumine di ruminanti selvatici e domestici, tra cui mucche, pecore e cervi (Orpin, 1975; Orpin et al., 1985), e l'intestino posteriore di altri grandi erbivori, tra cui cavalli, elefanti e rinoceronti (Orpin, 1981b; Orpin, 1988; Bauchop, 1983). Questi funghi hanno un ciclo vitale che consiste in una fase di zoospore flagellate mobili e in una fase riproduttiva vegetativa statica. Pur non avendo mitocondri, le *Neocalimasticaceae* possiedono idrogenosomi e strutture simili ai lisosomi (Yarlett et al., 1986b). Una simile organizzazione celulare, caratterizzata dall'assenza di mitocondri e da un metabolismo basato sulla fermentazione, è presente in alcuni protozoi aerotolleranti e anaerobi, tra cui tricomonadi e ciliati del rumine (Lindmark e Muller, 1973; Yarlett et al., 1981).

La decarbossilazione ossidativa del piruvato è la reazione principale del metabolismo intermedio. I microrganismi aerobi sfruttano l'energia altamente riducente del piruvato per la riduzione dei portatori elettronici a minor potenziale, formando legami tio energeticamente ricchi tra il coensime A e il piruvato decarbossilato. In condizioni aerobiche questo processo è catalizzato dal complesso della piruvato deidrogenasi, che utilizza il nicotinamideadenina dinucleotide (NAD) come accettore di elettroni e completa i requisiti del metabolismo respiratorio, ad esempio il trasferimento unidirezionale di elettroni al NAD+, donatore finale nella fosforilazione ossidativa. In condizioni anaerobiche, il NAD^+ reagisce come filtro elettronico con una capacità limitata e un potenziale redox inadeguato per una facile rimozione degli equivalenti redox con la reazione dell'idrogenasi (Kerscher e Oesterhelt, 1982).

Durante la fermentazione anaerobica si formano prodotti con stadi di ossidazione più o meno elevati rispetto al substrato (Gottschalk, 1985). I funghi anaerobi, come molti batteri del rumine ed enterici, partecipano alla fermentazione acido-mista, convertendo esosi e pentosi in formiato, acetato, lattato, etanolo, CO_2 e H_2 (Bauchop e Mountfort, 1981; Lowe *et al.*, 1987b). La relazione tra i prodotti finali

dipende dal tipo e dalle condizioni di crescita. Ad esempio, *Neocallimastix patriciarum* produce formiato ed etanolo in tracce (Orpin, 1978; Orpin e Munn, 1986), mentre *N. frontalis* produce formiato ed etanolo come principali podotti finali di fermentazione (Bauchop e Mountfort, 1981). La presenza dei principali enzimi glucolitici, insieme all'assenza di glucosio-6-fosfato deidrogenasi e alla distribuzione di [^{14} C] negli studi con isotopi, suggeriscono che il glucosio è l'unico meccanismo del metabolismo glucidico in *N. patriciarum* (Orpin, 1988; Yarlett *et al.*,1986b), *N. frontalis* e *N. frontalis.*
frontalis EB188 (O'Fallon *et al.*, 1991) e in generale con tutti i funghi anaerobi.

Il piruvato, formatosi con la glicolisi, viene convertito nei principali prodotti finali acetato, lattato ed etanolo (Yarlett *et al.*, 1986b; O'Fallon *et al.*, 1991). La formazione di acetato è localizzata negli idrogenosomi, che funzionano come organelli redox. Il substrato precursore di questi organelli è il malato citosolico che si forma dall'ossalacetato con la malato deidrogenasi. (Yarlett *et al.*, 1986b; O'Fallon *et al.*, 1991). L'ossalacetato potrebbe formarsi grazie all'attività della fosfoenolpiruvato carbossichinasi, che determina una conservazione energeticamente favorita dei legami fosfato altamente energetici nella forma del nucleoside trifosfato (Yarlett *et al.*, 1986b). In alternativa, la piruvato carbossichinasi è responsabile della formazione di ossalacetato in *N. frontalis* EB188 (O'Fallon *et al.*, 1991); tuttavia, questa reazione comporta un dispendio energetico. L'assenza di fosfoenolpiruvato carbossichinasi in *N. frontalis* EB188 potrebbe indicare che esistono sottili differenze tra i tipi. Tuttavia, in altri tipi di

N. frontalis è presente la fosfoenolpiruvato carbossichinasi (Reymond *et al.,* 1991). La decarbossichinasi del malato negli idrogenosomi cattura efficacemente il substrato che impedisce al puryvate dell'idrogenosoma di emergere liberamente e di trasformarsi in piruvato citosolico. Inoltre, O'Fallon *et al.* (1991) affermano che se ciò accade, il ciclo sarà inutile e sprecato. Il percorso suggerito del metabolismo del glucosio indica che il fosfoenolpiruvato è il punto che determina il destino dei prodotti finali formati.

Figura 7. Trasformazione metabolica del glucosio in acetato, lattato ed etanolo, da parte di *N. patriciarum. Le* linee tratteggiate indicano le reazioni soppresse dalla crescita ad alte concentrazioni di **CO2.**

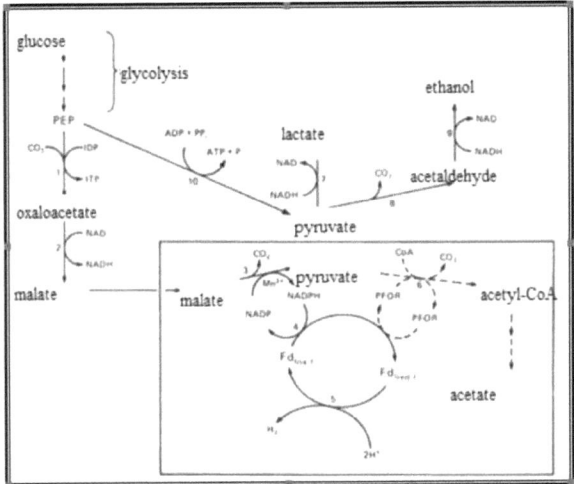

1- fosfoenolpiruvato carbossichinasi
2- malato deidrogenasi
3- "enzima "malico
4- NADPH: ferredossina ossidoreduttasi
5- idrogenasi
6- piruvato: ferredossina ossidoreduttasi
7- lattato deidrogenasi
8- piruvato decarbossilasi
9- alcool dexydrogenasi
10- piruvato chinasi
PEP - fosfoenolpiruvato

PFOR- piruvato: ferredossina ossidoreduttasi

Fd- ferredossina

In diversi tipi di protozoi, come i tricomonadi e i ciliati del rumine, gli equivalenti riducenti generati durante la fermentazione vengono eliminati sotto forma di idrogeno molecolare (Lindmark e Muller, 1973; Yarlett *et al.*, 1981). In altri protozoi, come *Giardia lamblia* ed *Entamoeba histolytica*, l'idrogenasi è assente e in questi anaerobi gli equivalenti riducenti provengono dalla riduzione dell'acetaldeide a etanolo con l'aiuto dell'alcol deidrogenasi citosolica (Lo e Reeves, 1978; Lindmark, 1980).

1.8.1. Localizzazione degli enzimi di fermentazione

Analogamente ad altri microrganismi, la formazione di idrogeno e acetato in *N. patriciarum* è stata localizzata negli idrogenosomi. Questi organelli hanno una matrice granulare fine e non presentano singole sottostrutture interne (Yarlett *et al.*, 1986b). Gli idrogenozomi di *Neocallimastix* hanno probabilmente una membrana singola e il loro diametro è di circa 0,5-1,0 µm (Yarlett *et al.*, 1986b; Munn *et al.*, 1981; Heath *et al.*, 1983). Organuli simili ai microcorpi sono stati osservati in *N. frontalis* e *Neocallimastix* sp. R1 (Munn *et al.*, 1981; Heath *et al.*, 1983; Webb e Theodorou, 1988). Gli idrogenozomi delle microfotografie elettroniche di sezioni sottili di zoospore in movimento di *Neocallimastix* sembrano raccolti vicino all'apparato flagellare e sono strettamente associati ai cinetosomi (Heath *et al.*, 1983; Webb e Theodorou, 1988). In alcuni casi, l'associazione è così simile che gli idrogenosomi hanno attratto i cinetosomi in interazione con i microtubuli (Heath *et al.*, 1983). Come indicato da Heath *et al.* (1983), i citridiomiceti di solito raccolgono i loro mitocondri intorno al cinetoplasto per aumentare l'efficienza del trasferimento di energia dal luogo di formazione dell'ATP (Heath, 1976). Gli idrogenosomi dei tricomiceti sono localizzati vicino alla struttura flagellare, il che ha portato alla descrizione originale di questi organelli come granuli paraxostilari o paracostali (Brugerolle, 1972); gli idrogenosomi nei ciliati del rumine sono concentrati nel lato interno della cintura fibrosa che separa l'endoplasma e l'ectoplasma, vicino all'apparato flagellare (Yarlett *et al.*, 1981; Yarlett *et al.*, 1983). Da qui, la localizzazione intracellulare degli organelli sembra essere coerente tra i diversi organismi tassonomici che possiedono idrogenosomi, rafforzando l'ipotesi che gli idrogenosomi possano avere questo ruolo nel fornire energia per il movimento cellulare (Yarlett *et al.*, 1986b; Yarlett *et al.*, 1981; Heath *et al.*, 1983). Altre somiglianze con gli idrogenosomi dei protozoi sono le regioni interne di maggiore densità e la presenza di sporgenze in alcuni di essi, che li fanno assomigliare a un manubrio (Yarlett *et al.*, 1986b; Heath *et al.*, 1983).

Gli enzimi degli idrogenosomi producono acetil-CoA e idrogeno con la decarbossilazione sequenziale del malato (Figura 8). Questo avviene grazie all'enzima "malato" e alla puryvate: ferredoxina ossidoreduttasi e alla necessità di ridurre le proteine accettore di elettroni con basso potenziale redox (ferredoxina o flavodossina). I nucleotidi piridinici non possono servire come accettori primari di elettroni per questa classe di enzimi. Le idrogenasi mediano la riossidazione dei portatori di elettroni, con conseguente formazione di idrogeno. Il coenzima A viene rilasciato dall'acetil-CoA, formando acetato, e alla fine conserva l'energia dei legami tioesteri trasferendo il tiolo con l'ATP o formando GTP, come nel caso dei tricomonadi (Lindmark e Muller, 1973) e dei ciliati del rumine (Yarlett *et al.,*

1981). In ogni caso, la produzione di energia con questo meccanismo rimane ancora da

esplorato e dimostrato nei chytridiommycetas del rumine.

1.9. Ruminazione di funghi anaerobi

Le prove degli anni '70 del secolo scorso lasciano poco spazio a dubbi sull'esistenza e sulla partecipazione di funghi anaerobi nel tratto digestivo dei ruminanti e di altri grandi mammiferi erbivori. Questi microrganismi sono adattati a vivere nel rumine. Hanno un metabolismo fermentativo misto-acido e possiedono idrogenosomi simili a quelli presenti nei protozoi anaerobi (Theodorou *et al.,* 1988; Yarlett *et al.,* 1987). I funghi anaerobi sono microrganismi altamente fibrolitici che producono un'ampia gamma di enzimi endo ed esoglucolitici cellulolitici ed emicellulolitici (Lowe *et al.,* 1

987c);

Williams e Orpin, 1987a; Williams e Orpin, 1987b). Questi enzimi sono in grado di digerire i carboidrati strutturali più grandi delle pareti cellulari delle piante e consentono ai funghi di crescere su molti polisaccaridi vegetali (Lowe *et al.,* 1987c; Theodorou *et al.,* 1989). Sebbene la portata della loro attività nei ruminanti non sia ancora stata determinata, è generalmente noto che i funghi anaerobi contribuiscono, insieme ai batteri anaerobi e ai protozoi, alla decomposizione della biomassa vegetale nel rumine. Quando i ruminanti sono alimentati con cibo fibroso, parti importanti dei frammenti vegetali che entrano nel rumine vengono colonizzate rapidamente e intensamente da funghi anaerobi (Bauchop, 1979a; Bauchop, 1979b). Pertanto, i funghi anaerobi partecipano alla colonizzazione iniziale delle pareti cellulari delle piante e contribuiscono inoltre alla cellulolisi ruminale aumentando l'accessibilità della biomassa vegetale all'invasione di altri microrganismi (Theodorou *et al.*, 1989, Akin *et al*, 1990).

Il maggior numero di tipi di funghi anaerobi studiati in modo intensivo (tipi di *Neocallimastix, Piromyces* e *Caecomyces)* deriva dal rumine, ma funghi simili possono essere trovati anche nelle feci dei ruminanti (Tabella 4). La loro presenza nelle feci suggerisce che sono membri costanti della microflora intestinale di molti mammiferi erbivori (Tabella 4), rispetto ai dati che li riguardano in altri habitat, oltre al rumine, che sono limitati.

Tabella 4.   Distribuzione dei funghi anaerobi tra i mammiferi erbivori.

Animal		Anaerobic fungi
common ime	latin name	isolated (or observed)
African Bush elephant	*Loxodonta africana*	Feces
Asian elephant	*Elephas maximus*	Feces
Arabian oryx	*Oryx leucoryx*	Feces
Camel	*Camelus bactrianus*	Feces
Blue duiker	*Cephalophus monticola*	rumen, caecum

Nella tabella sono stati utilizzati i seguenti riferimenti: Bauchop, 1979a; Bauchop, 1979b; Bauchop, 1983; Milne *et al.*, 1989; Lowe *et al.*, 1987d; Davies *et al.*, 1993; Theodorou *et al.*, 1990; Davies *et al.*, 1990; Teunissen *et al.*, 1991; Gold *et al.*, 1988; Orpin, 1981b; Ho *et al.*, 1988a; Orpin, 1981a ; Dehority e Varga, 1991.

Nei chitridi aerobi, le strutture resistenti si formano durante la riproduzione o attraverso la formazione di zoosporangia o cisti resistenti (Karling, 1978). Tuttavia, la comparsa di queste strutture nei funghi anaerobi non è stata confermata, anche se la capacità di isolare funghi anaerobi da escrementi essiccati all'aria e da ruminanti ed erbivori monogastrici indica che molto probabilmente esistono (Milne *et al.*, 1989; Theodorou *et al.*, 1990, 1994; Davies *et al.*, 1993). Dopo l'essiccazione, la popolazione di funghi anaerobi nelle feci diminuisce lentamente e l'isolamento di funghi anaerobi può essere eseguito fino a 10 mesi dopo l'inizio dell'essiccazione (Milne *et al.*, 1989; Theodorou *et al.*, 1990). Anche in Etiopia sono stati isolati funghi anaerobi da escrementi di animali e pecore essiccati al sole (Milne *et al.*, 1989).

In questo modo, i funghi anaerobi sembrano essere in grado di attraversare l'intero

Bongo	*Taurotragus euryceros*	Feces
Water deer	*Hydropotes inermis*	Feces
Plains zebra	*Equus burchelli*	Feces
Bos	*Bos* spp.	Digestive system, feces
Capra	*Capra* spp.	rumen, feces
Sheep	*Ovis* spp.	Digestive system, feces
Gaur	*Bos gaurus*	Feces
Greater kudu	*Tragelaphus strepsiceros*	Feces
Eastern Gray kangaroo	*Macropus giganticus*	Front stomach
Horse	*Equus cabalus*	feces, caecum
Impala	*Aeryceros melampus*	Rumen
Indian rhinoceros	*Rhinoceros unicornis*	Feces
Llama	*Lama glama*	Feces
Guanaco	*Lama guanicoe*	Feces
Alpaca	*Lama pacos*	Feces
Patagonian mara	*Dolichotis patagonum*	Feces
Musk ox	*Ovibos moschatus*	Rumen
Red deer	*Cervus elaphus*	Rumen
Red-necked wallaby	*Macropus rufogriseus*	(Front stomach)
Reindeer	*Rangifer tarandus*	Rumen
Black rhinoceros	*Diceros bicornis*	Feces
Roan antelope	Hippotragus equinus	Feces
Swamp wallaby	*Wallabia bicolor*	(Front stomach)
Vicugna	*Vicugna vicugna*	Feces
Common wallaroo	*Macropus robustus*	(Front stomach)
Water buffalo	*Bubalus bubalis*	Rumen

tratto digestivo dei ruminanti e di essere infine scaricati con le feci; è vero che Davies *et al.* (1993) hanno isolato funghi anaerobi da ogni parte del tratto digestivo dei ruminanti. Davies *et al. (1993)* hanno isolato una popolazione significativa di funghi anaerobi dal digestato secco di altri organi del tratto digestivo, compresi omaso e abomaso, ma non dal rumine. Per spiegare queste osservazioni, Davies *et al.* (1993) suggeriscono che il ciclo di vita generalmente accettato dei funghi anaerobi potrebbe alternarsi per includere il grado di sviluppo resistente (cisti o zoosporangio). D'altra parte, Rezaeian *et al.* nel loro studio del 2004 ipotizzano che le zoospore e i talli vegetativi non ruminino per più di 4 ore in ambiente anaerobico, per cui lo sviluppo fungino che appare dalle feci raccolte dopo una più lunga esposizione all'ossigeno, molto probabilmente proviene da strutture per la ruminazione che appaiono al di fuori del rumine (Brookman *et al.*, 2000a).

1.9. Enzimi coinvolti nella degradazione dei polisaccaridi

Secondo alcuni ricercatori, i funghi anaerobi hanno un ruolo significativo nella colonizzazione iniziale delle fibre nel rumine (Joblin *et al.*, 2002; Lee *et al.*, 2000). Producono un'ampia gamma di enzimi che consentono la degradazione della biomassa vegetale. Ne fanno parte le celulasi (Lowe *et al.*, 1987c; Barichievich e Calza, 1990a; Teunissen *et al.*, 1993), le emicellulasi (Lowe *et al.*, 1987c; Mountfort e Asher 1989), tra cui le xilanasi (Teunissen *et al.*, 1993), glucosidasi e xilosidasi (Hébraud e Fèvre, 1988, 1990; Calza, 1991a; Garcia-Campayo e Wood, 1993; Teunissen *et al.*, 1993; Chen *et al., 1994), diverse disaccaridasi (Lowe al., 1987c; Mountfort e Asta 1989),* 1994), diverse disaccaridasi (Hébraud e Fèvre, 1988), pectinasi (Gordon e Phillips, 1992), feruloil e *r-coumaroil* esterasi (Borneman *et al.*, 1990, 1991, 1992), amilasi e amiloglucosidasi (Mountfort e Asher, 1988; Pearce e Bauchop, 1985) e proteasi (Wallace e Joblin, 1985; Asoa *et al.*, 1993; Michel *et al.*, 1993). La maggior parte dei dati biochimici sugli enzimi fungini anaerobi indica che sono stati ottenuti utilizzando estratti grezzi di filtrati di colture, ed è stato anche pubblicato che i talli e le zoospore producono alcuni o tutti questi enzimi (Williams e Orpin, 1987a/b). Recentemente, alcuni enzimi extra-cellulari - ^-*xilosidasi* (Hébraud e Fèvre, 1990), xilanasi (Teunissen *et al.*, 1993), ^-*glucosidasi* (Hébraud e Fèvre, 1990; Calza, 1991a; Li e Calza, 1991; Teunissen *et al*, 1993; Chen *et al.*, 1994) e le *r-coumaroil* e feruloil esterasi (Borneman *et al.*, 1991, 1992) - sono state pulite e caratterizzate.

1.10. Utilizzo del substrato

Nel rumine, i funghi anaerobi colonizzano diverse piante coltivate, tra cui paglia di grano, paglia di riso, mais, fiocchi di soia e erba tropicale moderata (Akin *et al.*, 1983);

Lowe *et al.*, 1987d; Grenet e Barry, 1988; Akin *et al.*, 1990; Ho *et al.*, 1991; Roger *et al.*, 1992). Possono anche colonizzare materiali vegetali altamente non digeribili, come le fibre estruse di una palma e di un albero (Joblin e Naylor, 1989; Ho *et al.*, 1991).

La cellulosa è utilizzata da più generi di funghi anaerobi, anche se *Caecomyces* spp. non sembra decomporre questo polimero (Hébraud e Fèvre, 1988; Phillips e Gordon, 1988). Anche lo xilano, il principale componente emicellulasi delle pareti cellulari delle piante graminacee, viene immediatamente utilizzato dai funghi anaerobi. Sebbene Orpin (1983/84) abbia dimostrato che il 20-40% della pectina presente nella paglia di grano viene degradata (solubilizzata) durante lo sviluppo fungino, la pectina e i prodotti derivati dalla decomposizione della pectina non fermentano con i funghi anaerobi (Phillips e Gordon, 1988). Tuttavia, diversi isolati di funghi anaerobi derivati da erbivori in Australia e Malesia crescono sulla pectina di mela come unica fonte di carbonio e alcuni di essi crescono anche sul poligalattouronato (Lawrence, 1993). Nessuno dei funghi anaerobi monocentrici utilizza l'arabinosio e solo un isolato utilizza il galattosio. Queste invenzioni sono sorprendenti perché l'arabinosio e il galattosio sono componenti comuni delle pareti cellulari delle piante e vengono liberati durante la loro idrolisi (Theodorou *et al.*, 1989). Inoltre, sono già note le modalità di degradazione in altri microrganismi (Gottschalk, 1985).

L'utilizzo dei monosaccaridi da parte dei funghi anaerobi è per lo più limitato a glucosio, fruttosio e xilosio, con una possibile spiegazione di *N. patriciarum, che* può utilizzare anche il galattosio in crescita (Orpin e Letcher, 1979; Phillips e Gordon, 1988). I disaccaridi cellobiosio, gentiobiosio, lattosio e maltosio sono utilizzati dalla maggior parte dei funghi anaerobi, anche se alcuni potrebbero utilizzare anche il saccarosio e il trisaccaride raffinosio.

1.11. Struttura della cellulosa e sistema enzimatico cellulolitico

1.11.1. Struttura della cellulosa

Le piante sintetizzano circa $4*10^9$ tonnellate di cellulosa all'anno (Coughlan, 1990), ma questo materiale non viene accumulato perché funghi e batteri degradano efficacemente la biomassa vegetale per fornirsi di energia e carbonio, riciclando il carbonio nell'ecosistema. La biosintesi della cellulosa non è limitata alle sole piante. Il polimero viene creato anche da alghe, alcuni batteri, invertebre marine, funghi, funghi delle mucose e amebe (Richmond, 1991).

La cellulosa è un polimero lineare costituito da circa 14.000 residui ß-1, 4-glucosilici. Ogni residuo ruota di 180° intorno all'asse principale rispetto al residuo adiacente, dando luogo a una configurazione lineare, con il cellobiosio come unità di ripetizione di base (Clarke, 1997; Fibersource, 2005).

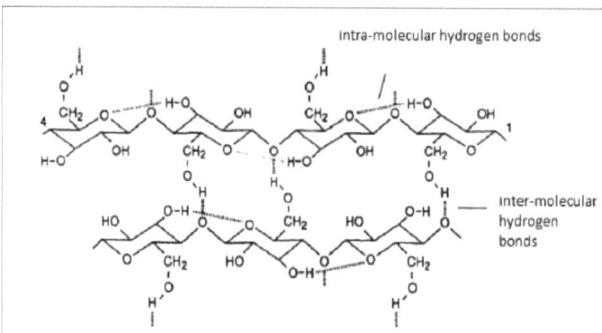

Figura 8. Struttura della cellulosa. Le molecole di glucosio sono legate covalentemente tramite ß-1, 4- glucosidico e ruotati di 180° rispetto ai loro vicini nella catena polimerica. I legami a idrogeno intermolecolari legano strettamente le catene adiacenti all'interno di una microfibrilla.

Le catene parallele di cellulosa si associano in microfibrille insolubili attraverso legami a idrogeno. La rete di legami a idrogeno consiste in legami inter- e intramolecolari tra residui di glucosio successivi e vicini (Gardner e Blackwell, 1974; Rees *et al.*, 1982; Winterburn, 1974). La maggior parte della cellulosa è prodotta come componente delle pareti cellulari delle piante, spesso descritte

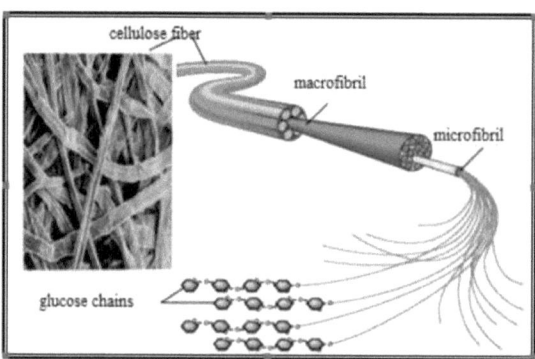

come una miscela di microfibrille di cellulosa incorporate nella matrice amorfa (Preston, 1974). Le microfibrille hanno un ruolo strutturale nella parete cellulare che consente la resistenza e fornisce volume e forma (McNeil *et al.*, 1984; Rees *et al.*, 1982).

Figura 9. Organizzazione della struttura della cellulosa.

Le microfibrille di cellulosa non sono uniformemente cristalline; spesso si verificano imperfezioni nell'impacchettamento o danni meccanici. La matrice è costituita da emicellulose associate a pectine e proteine nella parete cellulare primaria della pianta e a lignina nella parete cellulare secondaria della pianta. (Tomme *et al.*, 1995). La lignina è un polimero altamente molecolare e massiccio

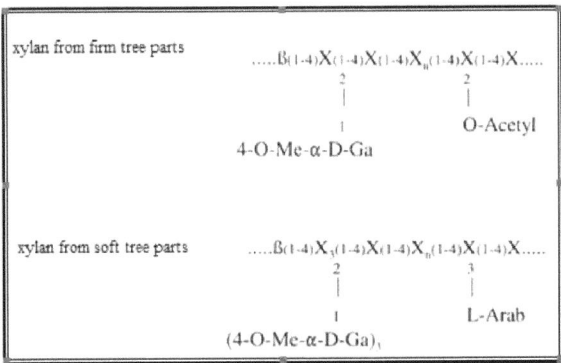

di unità fenilpropaniche, collegate con diversi legami chimici complessi (Kirk, 1971). I legami covalenti lignina-carboidrati, che includono esteri o legami con l'emicellulosa, sono ben studiati (Jeffries, 1990), mentre i legami covalenti con la cellulosa sono molto meno certi. Lo xilano è la principale emicellulosa nelle angiosperme, mentre nelle gimnosperme è meno presente (Whistler e Richards, 1970). L'acetilxilano degli alberi solidi e l'arabinoxilano degli alberi teneri sono le due forme principali di xilano negli alberi (Timell, 1967). A causa della forma complessa della cellulosa in natura, i microrganismi responsabili della sua degradazione producono solitamente gruppi di idrolasi polisaccaridiche, come xilanasi, esterasi e mannanasi, a volte insieme a enzimi responsabili della degradazione della lignina, come complemento agli enzimi che idrolizzano i legami ß-1, 4-glucosio nella cellulosa. La cristallinità del materiale nativo e la sua associazione con la lignina sono i principali fattori che si oppongono all'idrolisi enzimatica della cellulosa.

Figura 10. Strutture rappresentative dello xilano contenente emicellulosa di legno duro e tenero. X è l'unità di ß-1, 4-D-xilopiranosio, Arab è l'arabinosio e 4-O-Me-a-D-GA è l'acido 4-O-metil-a-D-Glucuronico.

1.12.2. Enzimi cellulolitici in funghi anaerobici

Durante la crescita, i funghi anaerobi secernono nel terreno tutti gli enzimi cellulolitici necessari per una completa degradazione della cellulosa (endoglucanasi, esoglucanasi e ß-glucosidasi (Trinci *et al.*, 1994)).

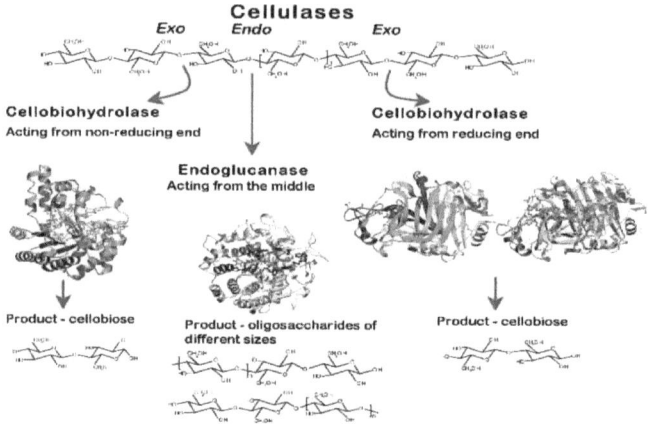

Figura 11. Enzimi attivi sulla cellulosa (Ubhayasekera, 2005). La degradazione efficiente della cellulosa da parte dei microbi si ottiene in due modi principali (Boisset *et al.*, 2000). Un metodo è la produzione di una "zuppa" di enzimi diversi che possono lavorare in modo sinergico. Questi diversi enzimi potrebbero avere un'espressione differenziata a seconda del substrato. Il secondo metodo è l'attività dei cellulosomi. In questo approccio, diversi enzimi si trovano associati in un unico complesso (il cellulosoma) per la rapida scomposizione della cellulosa.

Neocallimastix spp. è il genere più esaminato del gruppo dei funghi anaerobi. Studi comparativi mostrano che gli enzimi secreti da *N. frontalis* hanno una maggiore capacità di digestione della cellulosa cristallina rispetto alle cellulasi di *Trichoderma reesei* (Wood *et al.*, 1980; Wood e Wilson, 1995). Il filtrato di *Neocallimastix frontalis* (Wood *et al.*, 1988) e di *Piromyces* sp. (Teunissen *et al.*, 1992) contiene enzimi cellulolitici che potrebbero essere presenti nel complesso multicomponente come enzimi liberi. La massa molecolare di questi complessi è di 670 e 1200 kDa, rispettivamente per *N. frontalis* e *Piromyces* sp. tipo E2. Per *N. frontalis,* si nota che il contenuto del terreno influenza la quantità relativa di proteine associate al complesso multicomponente. Così, in un terreno definito, il 35% della quantità totale di enzimi prodotti dal fungo anaerobio si trova nel complesso multicomponente. Nel terreno contenente liquido del rumine (terreno non definito), solo il 7% degli enzimi totali si trova in questo complesso.

Fino ad oggi, le ß-glucosidasi sono gli unici enzimi cellulolitici che vengono puliti da un filtrato di una coltura di funghi anaerobi: due da *N. frontalis* (Li e Calza, 1991; Hébraud e Fèvre, 1990) e uno da *Piromyces* sp. tipo E2 (Teunissen *et al.*, 1992). Utilizzando tecniche molecolari sono stati clonati alcuni geni che codificano le cellulasi di *N. patriciarum* (Xue *et al.*, 1992a; Xue *et al.*, 1992b; Zhou *et al.*, 1994). Sebbene le cellulasi clonate (ad esempio CelD) di questo fungo abbiano rafforzato la capacità di legarsi alla cellulosa, è da determinare se questi enzimi contengano CBD discreti (Xue *et al.*, 1992a). Inoltre, è stata caratterizzata la *celA,* che codifica la celobioidrolasi, durante la quale è stato determinato che la struttura primaria della proteina (CelA) mostra un'omologia di sequenza importante con la celobioidrolasi II (CBHII) di *T. reesei* (Denman *et al.*, 1996).

1.12.3. Potenziale utilizzo degli enzimi (emi)cellulolitici di funghi anaerobi

La bioconversione estensiva della lignocellulosa non è attualmente redditizia a causa dell'elevato prezzo del pretrattamento del substrato e della produzione di enzimi (Saddler, 1993). Il pretrattamento (meccanico, chimico, biologico e termico) migliora l'accessibilità dei residui legnosi alle cellulasi, rimuovendo la lignina e l'emicellulosa e bloccando parzialmente la struttura delle fibre. L'idrolisi a zuccheri fermentabili richiede una grande quantità di enzimi, poiché le cellulasi hanno un turn over ridotto e sono molto sensibili all'inibizione del prodotto. Il riciclo degli enzimi potrebbe contribuire a ridurre i costi di produzione. I possibili utilizzi degli enzimi extracellulari dei funghi anaerobici sono riportati nella Tabella 5.

Gli enzimi che idrolizzano le pareti cellulari possono essere utilizzati per l'idrolisi parziale delle pareti cellulari dei semi contenenti olio, al fine di migliorare la procedura di estrazione a freddo (Geertman, 1992), per la produzione di succo da materiale vegetale (Woodward, 1984) e per pulire il succo dalle particelle della polpa (Biely, 1985). Inoltre, gli enzimi possono migliorare il valore nutrizionale del foraggio (Gilbert e Hazlewood, 1991), reidratare i vegetali essiccati (Mandels, 1986) o migliorare le caratteristiche delle fibre del cotone per la produzione di vestiti (Mora *et al.*, 1986). Le xilanasi possono contribuire alla rimozione della lignina durante la produzione di pasta per la carta (Paice *et al.*, 1988), riducendo così la necessità di sbiancare con il cloro (Wong e Saddler, 1992).

Tabella 5. Potenziale applicazione degli enzimi cellulolitici e xilanolitici da funghi anaerobi.

Removal of cellwalls, rough fibers
• Improving the cold extraction from seeds which contain oil
• Production of juices from plants and fruit
• Cleansing of fruit juices
• Improving the rehydrability of dried vegetables e.g. in soups
• Improving the fibers' features
• Discharge of the cell content for producing aromas, enzymes, polysaccharides, proteins from seeds and leaves
• Production of protoplasts for genetic engineering of higher plants

Production of glucose, xylose and other soluble sugars
• Improving the quality of food for non-herbivores; discharge of sugars from fibrose food
• Forage for production of glue, adhesives and chemicals (e.g. ethanol)
• Source of sweeteners production (fructose from glucose, xylitol from xylose)
• Preparation of dextrans as thickeners of food
Special usage of xylanases
• Biomixture and biobleaching of a pulp during paper production
Production of lignin
• Source of adhesive and resin production

2 FUNGHI ANAEROBI NELLA REPUBBLICA DI MACEDONIA

2.1. Fonte degli organismi

I funghi anaerobi del rumine sono un gruppo insolito di organismi che appartengono ai Chytridiomycetes, famillia *Neocalimastigaceae* (http://www.indexfungorum.org) (Nicholson *et al.*, 2005). All'interno della famiglia ci sono sei generi, *Neocallimastix, Piromyces, Orpinomyces, Anaeromyces, Caecomyces* e *Cyllamyces* (Ozkose *et al.*, 2001).

I funghi anaerobi sono stati isolati dal contenuto del rumine e dalle feci di altri mammiferi erbivori domestici e selvatici. Gli animali che hanno partecipato a questo lavoro sono riportati nella Tabella 6.

Tabella 6. Animali utilizzati in questo lavoro.

Animal	Origin of the animal (Type of animal - Phylum)
Dromedary *(Camelus dromedarius)*	Z (M)
Llama *(Lama glama)*	Z (M)
Cattle *(Bos indicus)*	Z (R)
Domestic yak *(Bos gruniens)*	Z (R)
Ankole-watusi *(Bos vatusi)*	Z (R)
Fallow deer *(Cervus dama)*	Z, J (M)
Red deer *(Cervus elaphus)*	Z, J (R)
Barbary sheep *(Ammotragus lervia)*	Z (R)
Pygmy goat *(Capra nigra sp.)*	Z (R)
Horse *(Equus cabalus sp.)*	Z (M)
Roe deer *(Capreolus capreolus)*	Z, J (R)
Mouflon *(Ovis musimon)*	J (R)

Horse *(Equus cabalus)*	D (M)
Wild water buffalo *(Bos bubalus)*	D (R)
Donkey *(Equus asinus)*	D (M)
Sheep *(Ovis aries)*	D (R)
Goat *(Capra hircus)*	D (R)
Chamois *(Rupicapra rupicapra)*	J (R)

Z- ZOO; J- "Riserva Naturale Protetta Jasen"; D- animale domestico; M- animale monogastrico; R- ruminante

Le feci sono state prelevate in diverse occasioni intorno alle 10.00-10.30 del mattino, raccolte fresche da terra e portate immediatamente in laboratorio. Sono state utilizzate anche feci vecchie di alcuni giorni. Solo in un caso sono state utilizzate feci prelevate direttamente dall'intestino crasso del muflone.

Il contenuto del rumine è stato prelevato durante la macellazione (Figura 12), direttamente dal rumine, dopo di che è stato portato immediatamente in laboratorio.

Figura 12. Animali da cui sono state prelevate le feci (mucca, watusi, cervo, capra, yak,

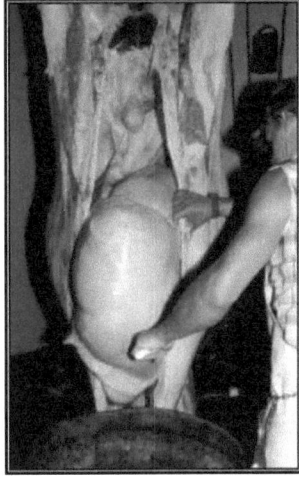

Figura 13. Prelievo di un campione di rumine dal

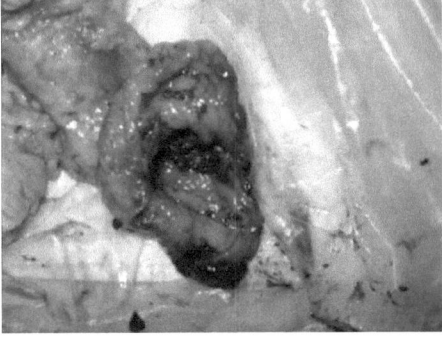

Figura 14. Prelievo di un campione dall'intestino crasso del muflone.

Il contenuto del rumine, utilizzato come parte significativa del terreno di coltura 10, dopo essere stato prelevato, è stato filtrato attraverso 4 strati di garza e messo in bottiglie sotto CO_2.

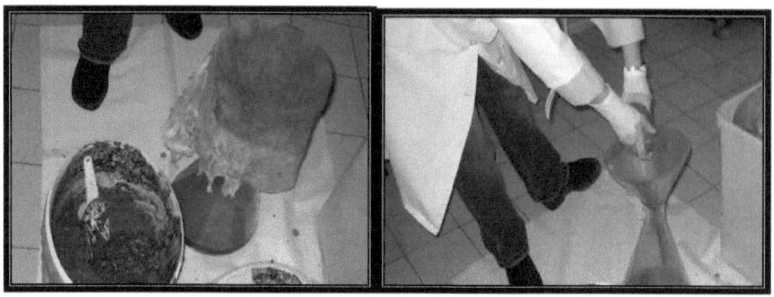

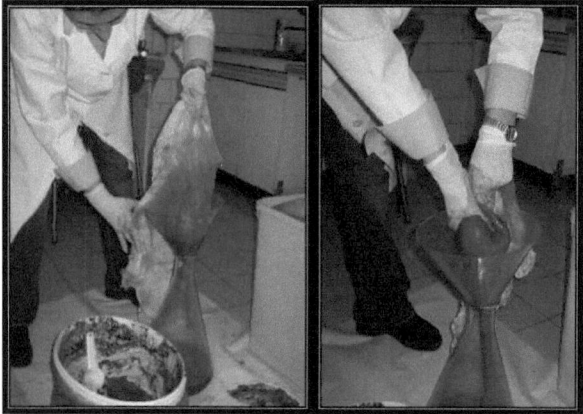

Figura 15. Filtrazione e preparazione del contenuto del rumine.

2.2. Terreno di isolamento e coltivazione

Molte delle tecniche e dei terreni di coltura utilizzati nella microbiologia del rumine derivano da Hungate (1966, 1969) che ha studiato i batteri anaerobi del rumine. Queste tecniche sono state modificate e aggiornate per fornire terreni e procedure che oggi sono costantemente utilizzati nella microbiologia anaerobica (Bryant, 1972; Miller e Wolin, 1974). Con relativamente poche eccezioni, questi terreni e queste tecniche sono oggi utilizzati, insieme alle sacche anaerobiche e alle procedure con le piastre di Petri (Leedle e Hespell, 1980; Lowe *et al.,* 1985), per l'isolamento e lo studio dei funghi anaerobi.

Il terreno di base utilizzato per isolare i funghi anaerobi è stato il terreno 10 (M10) di Caldwell e Bryant (1966). Il terreno M10 è uno dei numerosi terreni utilizzati nella microbiologia anaerobica del rumine e per la nostra regione e il nostro clima è l'ideale (Figura 14). Contiene liquido del rumine ed è per questo che viene definito complesso o habitatsimulating; è ben tamponato a rN da 6,5 a 6,8 con tamponi bicarbonato e/o fosfato e può essere solidificato con agar allo 0,8-1,5%. Il terreno contiene resazurina come indcatore redox, micro e macrominerali, fonti di azoto organico e/o inorganico e agenti riducenti chimici, solfato di sodio e/o L-cistina cloridrato (Theodorou e Trinci, 1989). Gli agenti riducenti e le tecniche anaeobiche sono essenziali durante la preparazione del terreno di coltura. Uno o più antibiotici antibatterici, penicillina, streptomicina e cloramfenicolo, vengono incorporati nel terreno di coltura; ciò è essenziale durante l'isolamento di funghi anaerobi dal contenuto del rumine e da campioni fecali (Theodorou *et al.*, 1990). Infatti, gli antibiotici sono necessari a causa della crescita dei funghi anaerobi, che è completamente inibita in co-cultura con i batteri anaerobi del rumine.

Babel (1977) introduce il termine "antibiosi" per questo tipo di interazioni. Descrive l'"associazione antagonistica" tra due microrganismi, che si danneggiano a vicenda. Questo concetto descrive accuratamente l'interazione tra batteri e funghi nel rumine.

I possibili fattori che influenzano questa antibiosi sono: la rapida crescita della popolazione batterica, che diminuisce il pH, inibendo la crescita dei flagelli e la germinazione nei funghi anaerobi (Grenet *et al.*, 1988a; Orpin, 1977b); la mancanza di sufficiente energia solubile nel terreno di coltura per l'encistazione e la germinazione delle zoospore (Orpin e Greenwood, 1986); nonché la possibilità per i batteri di produrre fatti di inibizione (Dehority e Tirabasso, 2000). La maggior parte, ma non tutti, i tipi di *Ruminococcus albus, Ruminococcus flavefaciens* e *Butyrivibrio fibrisolvens* inibiscono i funghi anaerobi nella co-cultura; tuttavia, l'inibizione varia tra i diversi tipi (Bernalier *et al.*, 1988); il batterio cellulolitico *F. succinogenes* ha un effetto minimo o nullo sui funghi anaerobi (Bernalier *et al.*, 1988).

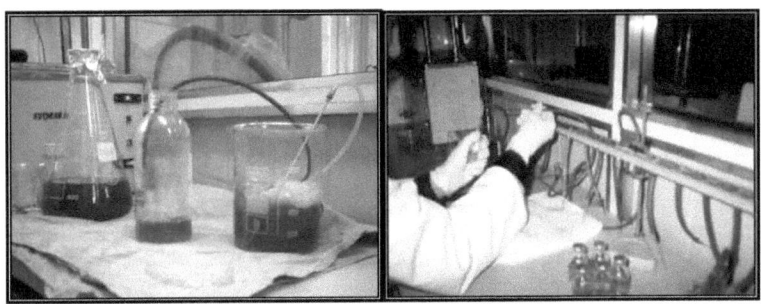

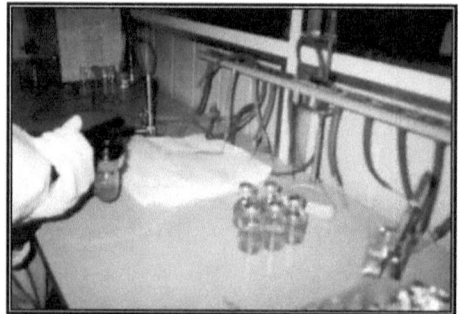

Figura 16. Preparazione e dispensazione del terreno di coltura 10.

2.3. Isolamento di funghi anaerobi dal contenuto del rumine e dalle feci

Nell'ambito di questo studio, sono stati prelevati numerosi campioni di feci da animali ospitati o selvatici, che vivono in libertà ma anche negli zoo; da ruminanti e animali monogastrici. Inoltre, sono stati prelevati campioni del contenuto del rumine di bovini e ovini durante la macellazione, dopo di che sono stati immediatamente segati in terreno M10.

Nei chitridi anaerobi, le strutture resistenti si formano durante la riproduzione o attraverso la formazione di zoosporangia o cisti resistenti (Karling, 1978). Tuttavia, la presenza di tali strutture nei funghi anaerobi non è stata confermata, anche se la capacità di isolare funghi anaerobi da escrementi essiccati all'aria e da ruminanti ed erbivori monogastrici indica che molto probabilmente esistono (Milne *et al.*, 1989; Davies, Theodorou e Trinci, 1990; Theodorou *et al.*, 1990, 1994; Davies *et al.*, 1993). Dopo l'essiccazione, la popolazione di funghi anaerobi nelle feci diminuisce lentamente e l'isolamento dei funghi anaerobi può essere effettuato fino a 10 mesi dopo l'inizio dell'essiccazione (Milne *et al.*, 1989; Theodorou *et al.*, 1990). Anche in Etiopia sono stati isolati funghi anaerobi da escrementi di pecora e di bue, essiccati al sole (Milne *et al.*, 1989).

In questo modo, i funghi anaerobi sembrano avere la capacità di attraversare l'intero tratto digestivo dei ruminanti, per cui alla fine potrebbero essere gettati via con le feci. È vero, Davies *et al.* (1993) hanno isolato funghi anaerobi da ogni parte del tratto digestivo dei ruminanti. Davies *et al. (1993)* hanno isolato una popolazione significativa di funghi anaerobi dal digestato secco di più organi del tratto digestivo, compresi omaso e abomaso, ma non dal rumine.

Sia il contenuto del rumine che quello delle feci sono stati utilizzati come inoculo che, subito dopo il prelievo,
è stato portato in laboratorio e segato nel terreno modificato M10 (Caldwell e Bryant 1966), in condizioni rigorosamente asettiche e anaerobiche, in beute da 100 mL. Per l'isolamento della microflora fungina anaerobica è stato utilizzato il glucosio come fonte di carbonio e l'incubazione è stata effettuata a $39°\,C \pm 1°\,C$ entro 72 ore. L'incubazione è stata effettuata in triplo.

Figura 17. Fiasche di incubazione, inoculate con feci e liquido del rumine.

I funghi anaerobi crescono principalmente senza essere mescolati nelle colture a limitazione di carbonio con portatori di substrato solubile (glusosio, xilosio, cellobiosio) o particolare (cellulosa, paglia di grano) in 7-100 mL di terreno di coltura in tubi di vetro con pareti spesse o matracci chiusi con gomma butilica e chiusura con alluminio. Il gas nello spazio sopra le colture contiene il 100% di CO_2. La temperatura di incubazione a $39°\,C \pm 1°\,C$ è uguale a quella del rumine e il periodo di incubazione dura da 2 a 10 giorni, a seconda dell'esperimento.

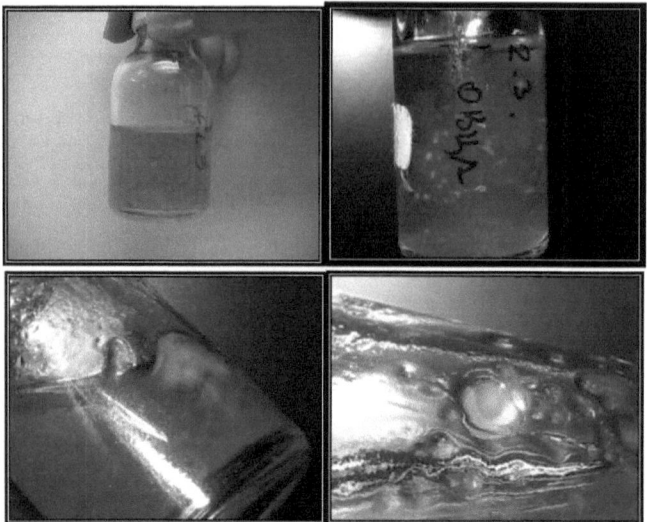

Figura 18. Colture miste di funghi anaerobi.

2.4. Isolamento di colture asseniche di funghi anaerobi e mantenimento degli isolati

Le tecniche utilizzate per isolare colture asseniche di funghi anaerobi dal loro ambiente naturale non differiscono da quelle utilizzate per i batteri anaerobi. Inoltre, vengono utilizzate subcolture ripetitive, antibiotici antibatterici e qualche forma di separazione fisica, come la coltivazione delle colonie isolate su terreno agar. Le colonie non superano il diametro di 2 mm nelle provette di Hungate, ma nella piastra di Petri possono raggiungere il diametro di 2 cm (Figura 20). Nell'esperimento sono stati utilizzati streptomicina e penicillina come antibiotici antibatterici per bloccare la crescita dei batteri anaerobi e cloramfenicolo per bloccare la crescita dei batteri metanogeni, presenti nel rumine.

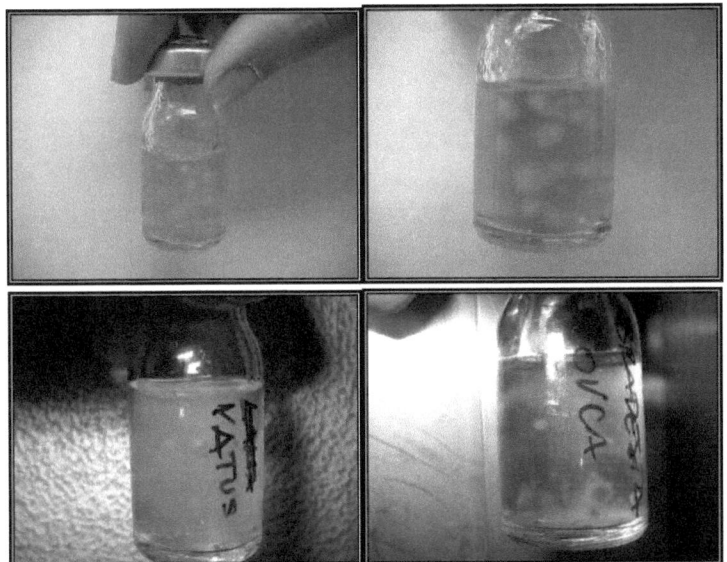

Figura 19. Colture pure di zebù, yak, watusi e capra africana.

Figura 20. Colture pure su terreno agar in piastra Petri.

Durante la preparazione di questo studio, si è notato che l'isolamento di funghi anaerobi negli animali tenuti in condizioni domestiche non ha avuto successo. (Tabella 7), rispetto al loro isolamento negli animali selvatici dello ZOO e in quelli che vivono liberamente in natura.

Inoltre, si è riscontrata una differenza tra gli animali selvatici in termini di numero di isolati ottenuti e di velocità di crescita degli isolati. In particolare, negli animali che vivono liberamente in natura, l'isolamento è stato più facile e i funghi anaerobi sono cresciuti molto velocemente (24 ore rispetto alle 72 ore dei campioni prelevati allo ZOO). Inoltre, da 141 colture miste in totale sono stati purificati 53 isolati (Tabella 7).

Tabella 7. Numero di isolati di colture pure e miste.

Animal	Pure isolates	Mixed cultures
Dromedary (*Camelus dromedarius*)	3	8
Llama (*Lama glama*)	4	7
Zebu (*Bos indicus*)	7	29
Domestic yak (*Bos gruniens*)	6	21
Watusi (*Bos vatusi*)	5	16
Fallow deer (*Cervus dama*)	9	13
Red deer (*Cervus elaphus*)	2	5
Barbary sheep (*Ammotragus lervia*)	3	7
Capra goat (*Capra nigra sp.*)	/	3
Horse (*Equus cabalus sp.*)	/	2
Roe deer (*Capreolus capreolus*)	3	6
Mouflon (*Ovis musimon*)	6	9
Horse (*Equus cabalus*)	/	3
Domestic cattle (*Bos bubalus*)	2	5
Donkey (*Equus asinus*)	/	/
Domestic sheep (*Ovis aries*)	1	3
Domestic goat (*Capra hircus*)	1	2
Chamois (*Rupicapra rupicapra*)	1	2
Total	53	141

Per isolare colture asseniche di funghi anaerobi dal loro ambiente naturale, privo di batteri contaminati, è essenziale utilizzare sottocolture ripetute, antibiotici antibatterici e qualche forma di separazione fisica, come la coltivazione delle colonie isolate su terreno agar.

I funghi anaerobi isolati da Orpin (1975) sono stati ottenuti sovrapponendo al terreno agar liquido contenente antibiotici particelle di digestato del rumine. Dopo l'incubazione, la parte superiore della coltura è stata scartata, mentre la parte inferiore, che contiene zoospore migratorie, è stata trasferita in provette con terreno agarico liquido fresco. Questa procedura è stata ripetuta più volte fino a ottenere funghi puri senza batteri contaminanti (Orpin, 1975).

Anche Bauchop e Mountfort (1981) hanno utilizzato un terreno di agar liquido contenente antibiotici per isolare funghi anarobici, ma hanno incluso colture arricchite di parti di piante per aumentare il volume della popolazione fungina. In questa procedura, le colture aseniche sono state ottenute utilizzando un ago per trasferire i singoli talli su un terreno fresco.

Nel metodo di Lowe *et al.* (1985), dopo l'arricchimento nel terreno liquido, le particelle di paglia colonizzate sono state messe in una piastra di Petri contenente agar ricoperto di cellulosa. Dopo l'incubazione, piccole spine sono state staccate dai bordi delle colonie in via di sviluppo e sono state trasferite in un terreno liquido senza antibiotici contenente glucosio. L'incubazione in un terreno senza antibiotici ha permesso di identificare e scartare le colture contaminate da batteri.

Con il graduale miglioramento delle procedure di isolamento e la consapevolezza che i funghi anaerobi possono essere isolati dalle feci (Milne *et al.*, 1989; Theodorou *et al.*, 1990), è diventato relativamente facile isolare i funghi anaerobi. La tecnica della provetta di Hungate (1966), utilizzata da Joblin (1981), rappresenta probabilmente il metodo più semplice per isolare i funghi anaerobi dal digestato e dalle feci. Il metodo consiste nel mescolare un'adeguata diluizione del campione con un terreno di agar fuso contenente antibiotici; le colture aseniche si ottengono con la semina successiva di colonie anaerobiche in provette successive.

Tabella 8.

Animal	Origin	Source	Isolate (Number /marks)	
Dromedary *(Camelus dromedarius)*	ZOO- Skopje	Feces	3	K1, K2, K3
Llama *(Lama glama)*	ZOO- Skopje	Feces	4	L1, L2, L3, L4
Zebu *(Bos indicus)*	ZOO- Skopje	Feces	7	Z1, Z2, Z3, Z4, Z5, Z6, Z7
Yak *(Bos gruniens)*	ZOO- Skopje	Feces	6	J1, J2, J3, J4, J5, J6
Watusi *(Bos vatusi)*	ZOO- Skopje	Feces	5	V1, V2, V3, V4, V5
Fallow deer *(Cervus dama)*	ZOO- Skopje	Feces	3	EZ1, EZ2, EZ3
Fallow deer *(Cervus dama)*	Protected Nature Reserve Jasen	Feces	5	EJ1, EJ2, EJ3, EJ4, EJ5
Fallow deer *(Cervus dama)*	Protected Nature Reserve Jasen	Rumen content	1	ER1
Red deer *(Cervus elaphus)*	ZOO- Skopje	Feces	2	ES1, ES2
Barbary sheep *(Ammotragus lervia)*	ZOO- Skopje	Feces	3	BO1, BO2, BO3
Capra goat *(Capra nigra sp.)*	ZOO- Skopje	Feces	/	/
Horse *(Equus cabalus sp.)*	ZOO- Skopje	Feces	/	/
Roe deer *(Capreolus capreolus)*	ZOO- Skopje	Feces	1	SZ1
Roe deer *(Capreolus capreolus)*	Protected Nature Reserve Jasen	Feces	2	SJ1, SJ2
Mouflon *(Ovis musimon)*	ZOO- Skopje	Feces	2	MZ1, MZ2
Mouflon *(Ovis musimon)*	Protected Nature Reserve Jasen	Feces	3	MJ1, MJ2, MJ3
Mouflon *(Ovis musimon)*	Protected Nature Reserve Jasen	Rumen content	1	MR1

Horse (*Equus cabalus*)	ZOO- Skopje	Feces	/	/
orse (*Equus cabalus*)	Private owner	Feces	/	/
Domestic cattle (*Bos bubalus*)	Farm	Feces	1	KrF1
Domestic cattle (*Bos bubalus*)	Farm	Rumen content	/	/
Domestic cattle (*Bos bubalus*)	Private owner	Feces	1	KrP1
Domestic cattle (*Bos bubalus*)	Private owner	Rumen content	/	/
Donkey (*Equus asinus*)	ZOO- Skopje	Feces	/	/
Donkey (*Equus asinus*)	Private owner	Feces	/	/
Domestic sheep (*Ovis aries*)	Private owner	Feces	1	OP1
Domestic sheep (*Ovis aries*)	Private owner	Rumen content	/	/
Domestic goat (*Capra hircus*)	Private owner	Feces	1	KoP1
Chamois (*Rupicapra rupicapra*)	Protected Nature Reserve Jasen	Feces	1	DK1

Colture pure di funghi anaerobi da feci e contenuto del rumine di mammiferi erbivori.

Per rimanere vitali, le colture che crescono in particolari substrati cercano la subcoltura in un intervallo di 2-7 giorni (Milne *et al.*, 1989); le colture coltivate a zuccheri solubili cercano la subcoltura più spesso in intervalli di 1-3 giorni. Le tecniche di crioconservazione che utilizzano dimetilsolfossido al 5% come crioprotettore e mantengono la temperatura a -70° C o in azoto liquido, possono essere utilizzate per la conservazione a lungo termine dei funghi anaerobi (Yarlett *et al*, 1986a).

2.5. Determinazione delle caratteristiche morfologiche degli isolati ottenuti

I funghi anaerobi, secondo Heath *et al.* (1983), si sono insediati in una nuova famiglia,

Neocallimastigaceae. Fino alla fine degli anni '80 del secolo scorso, sono stati isolati solo i tipi monocentrici di funghi anaerobi; questi hanno zoospore che producono un solo sporangio. Esistono generi di funghi anaerobi monocentrici: *Neocallimastix* contiene funghi che hanno zoospore multiflagellate (7-30 flagelli) e sviluppano un rizoide relativamente alto e ramificato (Heath *et al.*, 1983), mentre *Piromyces* spp. hanno zoospore con uno o talvolta due flagelli e hanno un rizoide con volume e grado di diffusione diversi (Ho e Barr, 1995). Anche *Caecomyces* spp. ha zoospore con uno o due flagelli, ma produce rizoidi filiformi e non filamentosi (Ho e Barr, 1995). Nel 1989 diversi gruppi di scienziati hanno scoperto contemporaneamente la presenza di funghi anaerobi di tipo policentrico nel rumine (Barr *et al.*, 1989; Borneman *et al.*, 1989; Breton *et al.*, 1989; Phillips, 1989). Questi funghi producono rizoidi ramificati che contengono nuclei e sviluppano sporangi multitipo in intervalli diversi, lungo la lunghezza del rizoide. Finora sono stati descritti due generi di funghi policentrici: *Orpinomyces* spp. che ha zoospore multiflagellate (Barr *et al.*, 1989) e *Anaeromyces* spp. che produce zoospore con un solo flagello (Breton *et al.*, 1990).

Per studiare la morfologia e l'anatomia degli isolati puri ottenuti, coltivati in terreno liquido M10, sono stati inoltre osservati applicando la microscopia ottica e a fluorescenza, in diversi stadi del loro sviluppo. Per le pupe è stato preparato un preparato nativo che è stato colorato con safranina e osservato direttamente. Per osservare alcuni isolati, per i quali la microscopia ottica non forniva dati sufficienti, è stata utilizzata anche la microscopia a fluorescenza, in cui una goccia di sospensione è stata mescolata con colore fluorocromo e bisbenzimide (5 mg/l PBS) per colorare i nuclei. I nuclei diventano fluorescenti quando vengono illuminati dalla luce UV.

Tutti i chitridi producono zoospore flagellate. Prima della scoperta dei funghi anaerobi, si pensava che fossero solo taxa uniflagellati e poliflagellati. Nei tipi uniflagellati, la maggior parte delle zoospore è uniflagellata, ma in alcune zoospore possono essere presenti da due a quattro flagelli. La frequenza di zoospore con due o quattro flagelli varia tra gli isolati dei tipi uniflagellati dallo 0 al 10% circa. Le zoospore attive dei tipi poliflagellati hanno sempre più di 4 flagelli, ma dopo la scarica e prima di nuotare, i flagelli sono spesso legati insieme e all'osservazione microscopica sembrano uno solo. I flagelli vengono scaricati durante l'encysting, ma non sempre insieme e rimane sempre un flagello. Per questo motivo è importante osservare il numero di zoospore quando c'è determinazione. Il volume delle zoospore varia non solo tra isolati dello stesso tipo, ma anche tra le zospore di uno stesso isolato.

Nei tipi aerobi di chytrids, il volume delle zoospore dipende dall'alimentazione durante lo sviluppo dello sporangio (Koch, 1968). Le zoospore uniflagellate sono principalmente più piccole di quelle poliflagellate, con un diametro di circa 4-11 µm e 7-22 µm rispettivamente. Tuttavia, è difficile eseguire misurazioni accurate del volume delle zoospore, perché quando non sono fissate, le zoospore morte tendono a gonfiarsi.

Esistono due forme morfologiche, *monocentrica* (un solo corpo riproduttivo) e *policentrica* (più centri di riproduzione). Queste forme sono determinate nei primi stadi di sviluppo e sono invariabili. In entrambe le forme, dopo l'enziazione della zoospora, la cisti germina producendo il tubo germinativo. Nei tipi monocentrici, il nucleo non entra nel tubo germinativo. Il tubo germinativo si sviluppa in un sistema rizodale di lunghezza determinata. I rizoidi anucleari hanno una doppia funzione, di radicamento e di assorbimento dei nutrienti. I rizoidi sono di due tipi: la tipica forma filamentosa in *Neocallimastix* e *Piromyces,* e la forma bulbosa in *Caecomyces. Il* posto tra lo sporangio e il rizoide è *il collo, che* può essere largo o sottile e persino simile a un istmo. Il foro nel collo è *la porta;* può essere largo o stretto. Quando lo sporangio matura, si forma una membrana sopra la porta o alla base dello sporangio. Nei tipi monocentrici si verificano altri due eventi di sviluppo. Nello sviluppo *endogeno* il nucleo rimane nella cisti della zoospora che si allarga in un nuovo sporangio. Nello sviluppo *esogeno si* ha una germinazione bipolare; i rizoidi si sviluppano su un lato della cisti zoosporea e sull'altro lato si sviluppa un grumo più ampio. Il nucleo passa nel nodulo più largo che si sviluppa in *sporangioforo* (gambo sporangiale) e alla fine si sviluppa uno sporangio. Gli sporangiofori possono essere di diversa lunghezza, a volte corti, simili a portauovo, oppure molto lunghi, a volte superiori a 100 µm. In letteratura c'è confusione sulla differenza tra lo sporangioforo e l'ampio rizoide principale, e in alcuni periodi di tallo maturo non è possibile essere sicuri del luogo in cui la zoospora è germinata e lo sviluppo bilaterale è iniziato. Tuttavia, ci sono due segni: lo sporangioforo non ha rizoidi laterali e in *N.frontalis* e *P.communis, il* luogo in cui germina la cisti è spesso gonfio.

In alcuni tipi monocentrici normali, occasionalmente possono comparire rami con due o più sporangi. Questi talli multisporangiali sono policentrici se il termine viene usato nel suo senso più generale. Tuttavia, a parte *Piromyces* spp. e *C.communis* (Wubah *et al.,* 1991a), queste forme sono rare e spesso solo uno o nessuno degli sporangi si sviluppa completamente. Il nucleo di *C.communis* può passare in rizoidi filiformi (Wubah *et al.,* 1991a) e produrre due o talvolta tre sporangi, oppure rimanere la cisti zoospora da cui si evolve l'unico sporangio. I nuclei possono anche dividersi nella cisti zoosporea, attraverso la quale un nucleo entra nel rizoide filiforme. Poiché queste spore sono principalmente monocentriche, il numero di sporangi è limitato anziché illimitato, come nelle forme miceliali policentriche osservate di seguito; è stato suggerito di chiamarle *monocentriche-multisporangiate*.

Nei tipi policentrici (*Orpinomyces* e *Anaeromyces*) il nucleo migra all'esterno della cisti della zoospora nel tubo germinativo. La cisti zoosporea non ha un'ulteriore funzione nello sviluppo, ma la parete della cisti può rimanere. Il tubo germinativo si allunga e si ramifica in un micelio (rizomicelio) simile a quello di altri funghi filamentosi. Il nucleo si ramifica costantemente e migra lungo le singole ife. Questa forma di sviluppo porta a un tallo miceliare di volume imprevedibile con molti sporangi. Purtroppo, dopo la coltura continua, molti dei tipi di micelio policentrico producono sporangi che non si differenziano in zoospore, oppure non producono più sporangi e la loro identificazione diventa problematica.

Pertanto, le forme di tallo possono essere classificate come: a) monocentriche ed endogene; b) monocentriche esogene e uni- o multisporangiali; e c) micelio policentrico.

Nell'identificazione dei chytrids, è essenziale non dimenticare la loro naturale variazione morfologica. Questa variazione complica l'identificazione e la classificazione di questi organismi. A causa delle esigenze di temperatura e dello stato anaerobico dei funghi anaerobi, il problema è amplificato e rispetto agli altri chitridi, la crescita e lo sviluppo di un tallo non possono essere studiati al microscopio in circostanze normali. Le differenze nel terreno di coltura probabilmente contribuiscono a maggiori variazioni rispetto a qualsiasi altro fattore. Quando il terreno di coltura è troppo ricco, come nel glucosio o nella carta da filtro, gli sporangi diventano spesso anormalmente grandi e abortiscono. I talli piccoli ma maturi dei tipi monocentrici, ad eccezione di *C.communis,* sono simili e solo osservando il tipo di fuoriuscita delle zoospore e la flagellazione delle zoospore possono differire. Quando si identificano e classificano i funghi anaerobi, è essenziale assicurarsi che gli sporangi siano sani e vitali, e le conclusioni dovrebbero essere raggiunte solo dopo aver osservato una quantità sufficiente di materiale.

Delle 53 colture pure isolate in totale di funghi anaerobi, 37 isolati sono monocentrici, mentre 16 isolati appartengono al gruppo dei funghi anaerobi policentrici.

Poiché 53 isolati sono stati ottenuti in forma di coltura pura, la determinazione delle caratteristiche è stata condotta solo su quelli che hanno mostrato la crescita migliore. Sono stati determinati di conseguenza la morfologia delle colonie, il volume dei rizoidi fungini e l'aspetto delle zoospore, secondo la chiave di Ho e Barr, 1995.

Tabella 9.   Chiave per la determinazione dei funghi anaerobi (Ho e Barr, 1995).

1. Polyflagellate zoospores	2
1. Uniflagellate zoospores (occasionally with 2 or 4 flagella)	3
2. Monocentric	5. *Neocallimastix*
2. Polycentric and mycelial	6. *Orpinomyces*
3. Monocentric	4
3. Polycentric and mycelial	7. *Anaeromyces*
4. Sporangium with filamentous rhizoids	8. *Piromyces*
4. Sporangium with bulbous rhizoids	12. *Caecomyces*
5. Discharge of zoospores is through apical pore, accompanied by decomposition and fracture of the sporangium wall	N.frontalis
5. Discharge of zoospores is through specific apical pore	N.hurleyensis
6. Globular sporangia in simple or complex sporangiophores (widespread sporangial branches)	O.joyonii
6. Intercalar globular sporangia (enlarging hyphal elements)	O.intercalaris
7. Some hyphae are with structures in the shape of a lobus or bead	A.elegans
7. Hyphae without lobular or bead-like structures	A.mucronatus
8. Discharge of zoospores accompanied by decomposition of sporangial wall	9
8. Discharge of zoospores through pores or papillae	10
9. Decomposition of sporangial wall accompanied by examination of zoospores, rhizoids are not visually spiralized	P.communis
9. Decomposition of sporangial wall preceeds examination of zoospores, rhizoids are visually spiralized	P.spiralis
10. Most sporangia are smaller than 30 µm, with smooth main rhizoid	P.minutus
10. Sporangia mainly over 30 µm, with tubular main rhizoid	11
11. Mature sporangia, without papillae, neck visually narrowed, often in the shape of isthmus	*P.rhizinflatus*
11. Mature sporangia with papillae, neck often wide	P.mae
12. Sporangium with one bulbous rhizoid, from horse caecum	C.equi
12. Sporangium with one or more bulbous rhizoids, from rumen or rear stomach of other herbivores	C. communis

Inoltre, sono descritti 19 isolati di funghi anaerobi obbligati, che sono stati isolati durante la preparazione di questo studio. La descrizione si basa completamente sulla morfologia del tallo, vista al microscopio ottico, per consentire l'identificazione funzionale di generi e phyla.

2.5.1. Isolare EZ1

Neocallimastix frontalis (Braune) Vavra e Joyon ex I. B. Heath in Heath *et al.* Canad. J. Bot. 61: 306, 1983. Figg. 20-25

Callimastix frontalis Braune, Arch.Protistenk. 32:127, 1913.

=Neocallimastix patriciarum Orpin e E.A.Munn, Trans. Brit. Mycol. Soc. 86:180, 1986.

=Neocallimastix variabilis Y.W.Ho e D.J.S.Barr vo Ho *et al.*, Mycotaxon 46:242,1993.

LEKTOTIP. Isolamento PN1 in laboratorio - Dr. Geoff Gordon, Laboratorio, CSIRO, Divisione di produzione animale, PO Box 239, Blacktown, NSW 2148, Australia.

Sporangio endogeno o esogeno, sferico, 8,5-170.0 μm di diametro, da largamente ellissoide a largamente ovoidale, occasionalmente irregolare; sporangio esogeno di sporangiofori con lunghezza diversa di alcuni micron fino a oltre 100 μm, occasionalmente ramificato con due sporangi; sporangio esogeno generalmente ellissoide a forma di pera o ovoidale, di lunghezza variabile da 10 μm a oltre 100 μm, occasionalmente tubiforme o irregolare; i rizoidi si dipartono principalmente da un asse, occasionalmente due o tre allo stesso lato dello sporangio, il collo non è ristretto o è leggermente ristretto, l'asse principale ha un diametro di 20 μm vicino allo sporangio, abbastanza ramificato, il rizoide principale è spesso arrotolato e i singoli rizoidi possono avere punti fortemente ristretti; il sistema rizoide è distribuito su 1 mm di sporangi più grandi" le zoospore sono liberate attraverso il poro apicale, accompagnate da una rapida decomposizione e fessurazione della parete dello sporangio; le zoospore sono variabili in lunghezza e forma, spesso con costrizione equatoriale all'inizio e successivamente da ovoidali a globose, zoospore globose di 7-22 µm di diametro con sette o circa 30 flagelli, lunghe 28-48 µm

Zoosporangia a sviluppo endogeno, sferica con diametro di 65,71 µm; i rizoidi nascono principalmente da un asse, occasionalmente due o tre allo stesso lato dello sporangio, il collo è largo; l'asse principale vicino allo sporangio, fino a 20 µm di diametro; il rizoide principale è spesso arrotolato; i rizoidi possono avere punti fortemente ristretti, il sistema rizoide è diffuso fino a 1 mm di diametro, le zoospore sono liberate attraverso il poro apicale.

L'isolato è stato prelevato dalle feci di un daino *(Cervus dama)*, conservato presso lo ZOO di Skopje. Secondo la chiave di determinazione dei funghi anaerobi di Ho e Barr, 1995, la descrizione dell'isolato corrisponde completamente a quella di *Neocallimastix frontalis*.

In Malesia, *N.frontalis* è stata isolata dal materiale del rumine e dagli escrementi di bufali, buoi, pecore, capre e cervi (Ho *et al.*, 1993a). Inoltre, materiale del rumine è stato isolato da buoi in Nuova Zelanda (Bauchop, 1979a), Canada (Barr *et al.*, 1989), Australia (Phillips, 1989) e Stati Uniti (Barichievich e Calza, 1990) e dal rumine, dalla saliva e dagli escrementi di pecore in Gran Bretagna (Orpin, 1975; Lowe *et al.*, 1987).

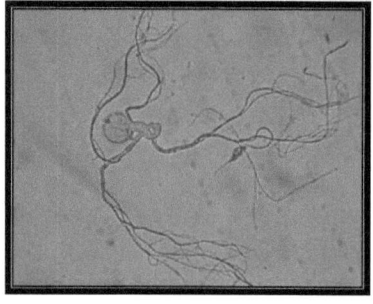 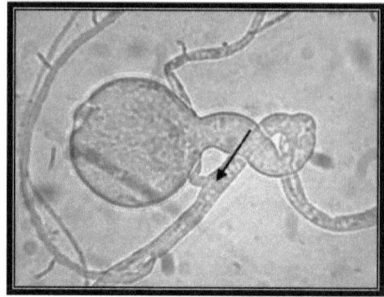

Figura 21. Ceppo EZ1- *N. frontalis*. Tallo monocentrico con uno sporangio, collo largo, rizoide principale arrotolato (stretto).
a- ingrandimento 10x; b- ingrandimento 40x

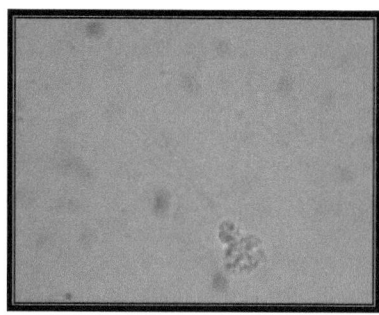

Figura 22. Zoospora poliflagellata di *N. frontalis*.

2.5.2. Isolare EZ2

Neocallimastix frontalis (Braune) Vavra e Joyon ex I. B. Heath in Heath *et al.* Canad. J. Bot. 61: 306, 1983. Figg. 20-25

Callimastix frontalis Braune, Arch.Protistenk. 32:127, 1913.

=Neocallimastix patriciarum Orpin e E.A.Munn, Trans. Brit. Mycol. Soc. 86:180, 1986.

=Neocallimastix variabilis Y.W.Ho e D.J.S.Barr vo Ho *et al.,* Mycotaxon 46:242,1993.

LEKTOTIP. Isolamento PN1 in laboratorio - Dott. Geoff Gordon, Laboratorio, CSIRO, Divisione di produzione animale, PO Box 239, Blacktown, NSW 2148,

Australia.

Sporangio endogeno o esogeno, sporangio esogeno sferico, 8,5170.0 µm di diametro, da largamente ellissoide a largamente ovoidale, occasionalmente irregolare; sporangio esogeno di sporangiofori con lunghezza diversa di alcuni micron fino a oltre 100 µm, occasionalmente ramificato con due sporangi; sporangio esogeno generalmente ellissoide a forma di pera o ovoidale, di lunghezza variabile da 10 µm a oltre 100 µm, occasionalmente tubiforme o irregolare; i rizoidi si dipartono principalmente da un asse, occasionalmente due o tre sullo stesso lato dello sporangio, il collo non è ristretto o è leggermente ristretto, l'asse principale ha un diametro di 20 µm vicino allo sporangio, è ramificato, il rizoide principale è spesso arrotolato e i singoli rizoidi possono avere punti fortemente ristretti; le zoospore vengono liberate attraverso il poro apicale, accompagnate da una rapida decomposizione e fessurazione della parete dello sporangio; le zoospore sono variabili in lunghezza e forma, spesso con una costrizione equatoriale all'inizio e successivamente da ovoidali a globose, zoospore globose di 7-22 µm di diametro con sette o circa 30 flagelli28-48 µm di lunghezza

Zoosporangia a sviluppo endogeno, di forma sferica allungata (simile a un uovo); diametro di 157,14 µm; i rizoidi nascono principalmente da un asse, occasionalmente due o tre dallo stesso lato dello sporangio, il collo è largo; l'asse principale vicino allo sporangio, fino a 17,14 µm di diametro, arrotolato; il rizoide principale è spesso arrotolato; i rizoidi possono avere punti fortemente ristretti; il sistema rizoide è diffuso fino a 1 mm di diametro.

Le zoospore sono liberate attraverso il poro apicale, accompagnate da una rapida decomposizione e fessurazione della parete dello sporangio; le zoospore sono variabili in lunghezza e forma, zoospore globose con 10-25pm di diametro, con 10-30 flagelli, lunghe 3550 µm.

L'isolato è stato prelevato dalle feci di un daino *(Cervus dama)*, conservato presso lo ZOO di Skopje. Secondo la chiave di determinazione dei funghi anaerobi di Ho e Barr, 1995, la descrizione dell'isolato corrisponde completamente a quella di *Neocallimastix frontalis*.

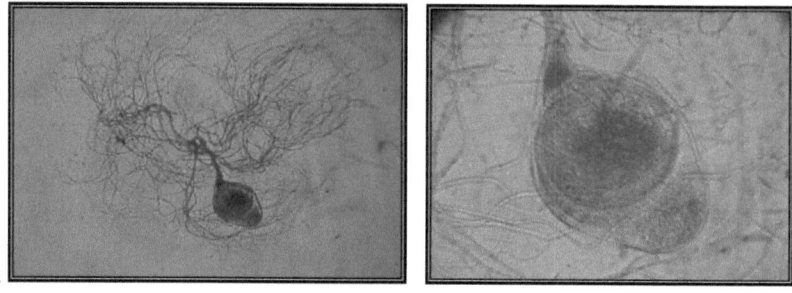

Figura 23. Ceppo EZ2- *N. frontalis*. Tallo monocentrico con breve sporangioforo a forma di uovo. a- ingrandimento 10x; b- ingrandimento 40x

2.5.3. Isolare EZ3

Zoosporangi, asimmetricamente sferici, 161,24 µm di diametro; rizoide diffuso, il collo non è ristretto o leggermente ristretto, l'asse principale, vicino allo sporangio, fino a 14.28 µm di diametro, arrotolato; il rizoide principale è spesso arrotolato; il sistema rizoide è diffuso fino a 600 µm di diametro; le zoospore sono liberate attraverso il poro laterale, accompagnate da una rapida decomposizione e fessurazione della parete dello sporangio; le zoospore sono variabili in lunghezza e forma; zoospore sferiche, poliflagellate.

L'isolato è stato prelevato dalle feci di un daino (*Cervus dama*), conservato presso lo ZOO di Skopje. Secondo la chiave di determinazione dei funghi anaerobi di Ho e Barr, 1995, la descrizione dell'isolato corrisponde completamente a quella di *Neocallimastix* spp.

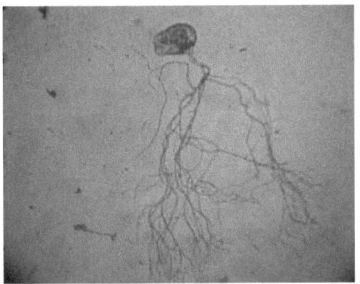 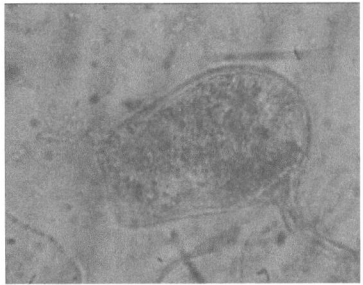

Figura 24. Ceppo EZ3 - Tallo monocentrico con zoosporangio, nel momento della liberazione delle zoospore.
a- ingrandimento 10x; b- ingrandimento 40x

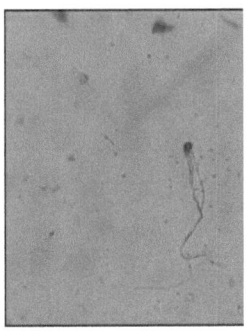 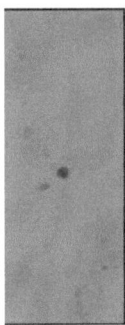

Figura 25. *Neocallimastix* spp. - zoospora poliflagellata.

2.5.4. Isolare EJ1

Zoosporangia, simmetricamente sferica, 119,99 μm di diametro; rizoide diffuso, il collo è leggermente ristretto, l'asse principale, vicino allo sporangio, fino a 25.71 μm di diametro, arrotolato; il rizoide principale è spesso arrotolato; il sistema rizoide è diffuso fino a 800 μm di diametro; le zoospore sono liberate attraverso il poro laterale, accompagnate da una rapida decomposizione e fessurazione della parete dello sporangio, che è chiaramente a doppio strato; le zoospore sono variabili in lunghezza e forma; zoospore sferiche, poliflagellate.

L'isolato è stato prelevato dalle feci di un daino *(Cervus dama)*, conservato nella Riserva Naturale Protetta Jasen, Skopje. Secondo la chiave di determinazione dei funghi anaerobi di Ho e Barr, 1995, la descrizione dell'isolato corrisponde completamente a quella di *Neocallimastix* spp.

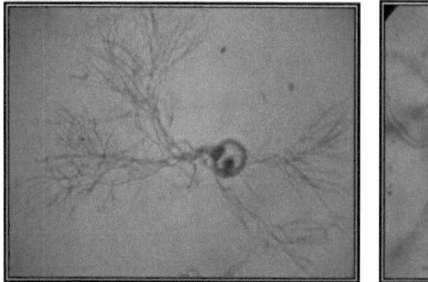 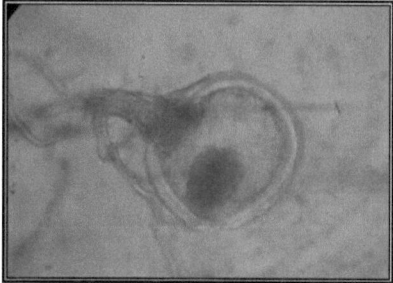

Figura 26. Ceppo EJ1- Tallo monocentrico con zoosporangio nel momento della liberazione delle zoospore.
a- ingrandimento 10x; b- ingrandimento 40x

2.5.5. Isolare SZ1

Piromycas mae J. L. Li in Li *et al.*, Canad. J.Bot. 68:1028,1990. Figg. 52-60

TIP. Li *et al.* 1990.

Monocentrico; sporangi endogeni ed esogeni, sferici, ovoidali a forma di pera e allungati, 26-37*70-125 μm, spesso con una, occasionalmente con due papille distintive; sporangi esogeni di sporangiofori di lunghezza variabile, occasionalmente sparsi con due o tre sporangi (multi sporangi); il rizoide principale tubolare o spesso rigonfio sotto il collo, collo parzialmente e strettamente costritto. Ingresso stretto; i rizoidi sono ramificati e allungati fino a 240 μm; lo scarico segue dopo la decomposizione di una o due papille, parete costante, le zoospore sono da sferiche a ovoidali, 2,5-11,0 μm, uniflagellate, raramente da due a quattro flagelli, flagello lungo 20-30 μm.

Sporangi monocentrici, a forma di doppia pera 31*115 μm; con diverse papille; il rizoide principale è diffuso in modo filamentoso, si allunga fino a 180 μm, lo scarico segue la decomposizione delle papille; le zoospore sono ovoidali, 3,1-8,0 μm, uniflagellate

L'isolato è stato prelevato dalle feci di un capriolo *(Capreolus capreolus)*, conservato presso lo ZOO di Skopje. Secondo la chiave di determinazione dei funghi anaerobi di Ho e Barr, 1995, la descrizione dell'isolato corrisponde completamente a quella di *Piromyces mae*.

In Malesia, *P.mae* è stato isolato dal rumine e dalle feci di buoi, bufali, pecore e capre, nonché dal duodeno delle pecore. Inoltre, questo tipo è stato isolato nel rumine di alci in Canada (Barr *et al.*, 1995) e nel rumine di pecore in Francia (Gaillard-Martinie *et al.*, 1992).

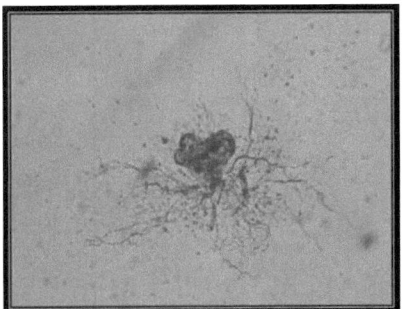 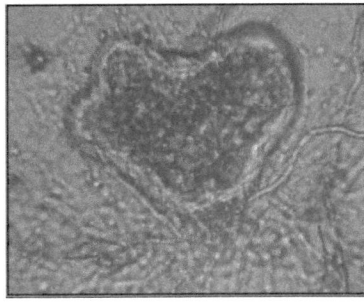

Figura 27. Ceppo SZ1- *Piromyces mae*, sporangio endogeno con due papille. a- ingrandimento 10x; b- ingrandimento 40x

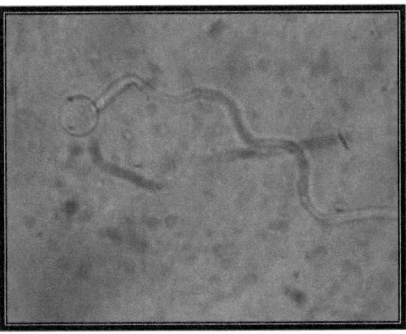

Figura 28. Zoospore uniflagellate - *P. mae*.

2.5.6.Isolare SJ1

Piromycas mae J. L. Li in Li *et al.,* Canad. J.Bot. 68:1028,1990. Figg. 52-60
TIP. Li *et al.* 1990.

> Monocentrico; sporangi endogeni ed esogeni, sferici, ovoidali a forma di pera e allungati, 26-37*70-125 µm, spesso con una, occasionalmente con due papille distintive; sporangi esogeni di sporangiofori di lunghezza variabile, occasionalmente sparsi con due o tre sporangi (multi sporangi); il rizoide principale tubolare o spesso rigonfio sotto il collo, collo parzialmente e strettamente costritto. Ingresso stretto; i rizoidi sono ramificati e allungati fino a 240 µm; lo scarico segue dopo la decomposizione di una o due papille, parete costante, le zoospore sono da sferiche a ovoidali, 2,5-11,0 µm, uniflagellate, raramente da due a quattro flagelli, flagello lungo 20-30 µm.

Sporangi monocentrici, cuoriformi, 48*89 µm; con diverse papille; il rizoide principale è ramificato in modo filamentoso, si allunga fino a 330 µm, lo scarico avviene dopo la decomposizione di una o due papille; le zoospore sono da sferiche a ovoidali, uniflagellate.

L'isolato è stato prelevato dalle feci di un capriolo *(Capreolus capreolus),* conservato nella Riserva Naturale Protetta Jasen, Skopje. Secondo la chiave di determinazione dei funghi anaerobi di Ho e Barr, 1995, la descrizione dell'isolato corrisponde completamente a quella di *Piromyces mae.*

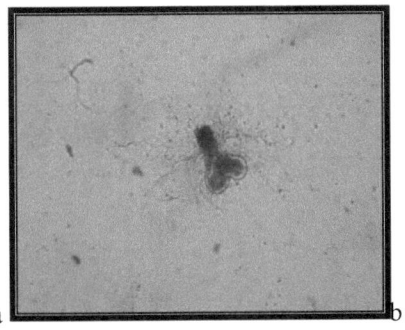 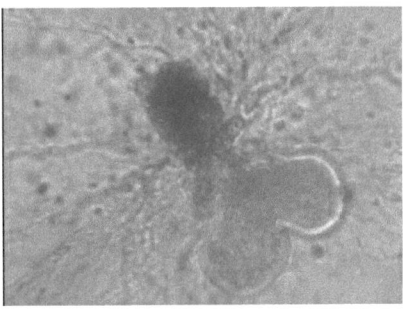

Figura 29. Ceppo SJ1- *Piromyces mae,* sporangio endogeno con due papille. a- ingrandimento 10x; b- ingrandimento 40x

2.5.7. Isolare EJ2

Piromyces communis J. J. Gold *et al.,* BioSystems 21:411,1988 (come comb. nov.) Figg. 45-51

=*Piromonas communis* sensu Orpin, J. Gen. Microbiol. 99: 107-117, 1977a, non *Piromonas communis* Liebetanz, Arch. Prostistenk. 19:37-38,1910.

TIP: Orpin, 1977a

Monocentrico; gli sporangi sono endogeni ed esogeni, spesso si staccano non appena sono maturi; gli sporangi endogeni sono sferici, 20-105 µm di diametro, ellissoidi o a forma di pera, principalmente 30-40*50-70 µm; gli sporangi esogeni sono principalmente ellissoidi o a forma di pera, occasionalmente irregolari, con sporangiofori di lunghezza diversa di diversi micron fino a 100 µm; gli sporangiofori sono occasionalmente ramificati con due sporangi (multi sporangi); rizoidi da un asse della base dello sporangio, occasionalmente da due assi; il rizoide principale grande, largo 4-20 µm, non costretto o leggermente costretto nel collo, abbastanza ramificato, spesso con costrizioni al rizoide; esame delle zoospore di un'ampia parte apicale della parete seguita da decomposizione del resto della parete; zoospore di forma abbastanza variabile da globosa a irregolare, 4. 5-9 5 µm di diametro.5-9,5 µm di diametro, uniflagellate, occasionalmente da due a quattro flagelli; flagelli lunghi 22-29 µm.

Sporangi monocentrici, endogeni, con diametro di 97 µm; il rizoide principale è grande, 583,13 µm di diametro, senza costrizioni o leggermente costretto nella zona del collo, ramificato con costrizioni sul rizoide; l'esame delle zoospore è con decomposizione di un'ampia parte apicale della parete; le zoospore sono abbastanza variabili nella forma, uniflagellate.

L'isolato è stato prelevato dalle feci di un cervo daino (*Cervus dama*), conservato nella Riserva Naturale Protetta Jasen, Skopje. Secondo la chiave di determinazione dei funghi anaerobi di Ho e Barr, 1995, la descrizione dell'isolato corrisponde completamente a quella di *Piromyces communis*.

In Malesia, *P.communis* è stato isolato dal rumine di pecore, capre, buoi, bufali d'acqua e cervi e dal duodeno delle pecore (Ho *et al.*, 1994b). La spirale del rizoide principale si trova spesso nelle forme endogene. *Piromycas communis* è stato isolato anche dal rumine di pecore in Gran Bretagna (Orpin, 1977a) e in Francia (Gaillard e Citron, 1989), nonché dal rumine di buoi in Canada (Barr *et al., 1989)*.

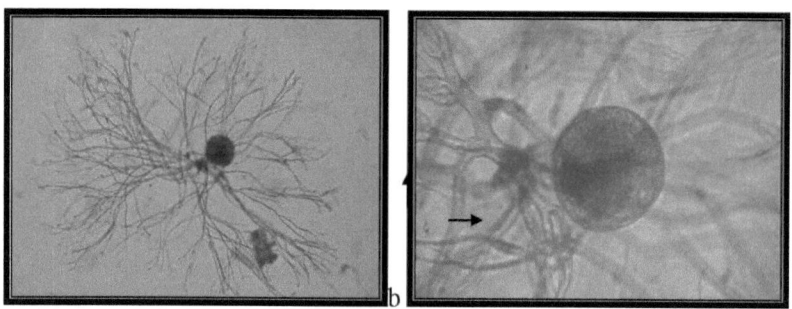

Figura 30. Ceppo EJ2- *Piromyces communis,* sporangio endogeno con rizoide principale arrotolato; alcuni rizoidi sono costretti (frecce).
a- ingrandimento 10x; b- ingrandimento 40x

2.5.8. Isolare EJ3

Piromyces minutus Y. W. Ho in Ho *et al.,* Mycotaxon 47: 286- 287, 1993. Figg. 6671

TIP. Ho *et al.,* 1993c; la cultura D2 è nella collezione personale di Y.W.Ho, University Pertanian Malaysia.

Monocentrico; gli sporangi sono strettamente endogeni, ellissoidi, a forma di pera o per lo più sferici, 8-25*8.5-28 µm, a volte 40-80 µm di diametro; rizoidi da un singolo asse, occasionalmente da due a quattro assi; il rizoide principale è solitamente ramificato e termina in un sistema scarsamente diffuso; la fuoriuscita delle zoospore segue la decomposizione dell'ampio poro apicale, occasionalmente due pori di un grande sporangio; la parete dello sporangio è costante dopo la fuoriuscita delle zoospore; le zoospore sono globose, 5. 5-7,5 µm di diametro, uniflore.5-7,5 µm di diametro, uniflagellate, occasionalmente da due a quattro flagelli, flagello lungo fino a 31 µm

Sporangi monocentrici, endogeni, ellissoidi con diametro di 31,42 µm; i rizoidi sono talvolta costretti; il rizoide principale è solitamente non ramificato, terminando in un sistema scarsamente ramificato; le zoospore sono uniflore.

Nelle colture, questo tipo è facile da differenziare da altri *Piromyces* spp. per le dimensioni ridotte dello sporangio. È stato trovato solo in Malesia, nel rumine di Javan rusa (Ho *et al,* 1993c), capra, pecora e nel duodeno di pecora (Ho *et al,* 1994b).

L'isolato è stato prelevato dalle feci di un cervo daino *(Cervus dama),* conservato nella Riserva Naturale Protetta Jasen, Skopje. Secondo la chiave di determinazione dei funghi anaerobi di Ho e Barr, 1995, la descrizione dell'isolato corrisponde completamente a quella di *Piromyces minutus.*

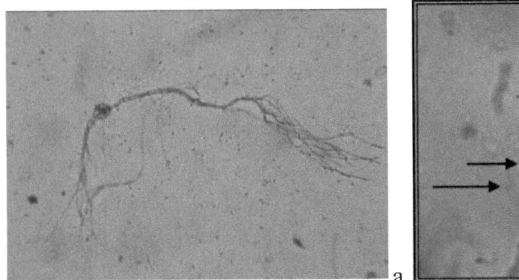 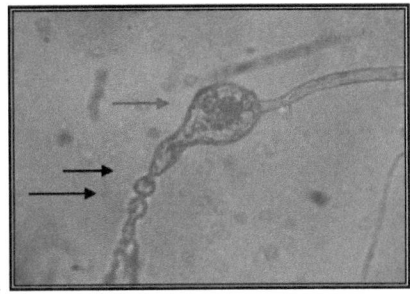

Figura 31. Ceppo EJ3- *Piromyces minutus,* rizoide principale diritto e non ramificato che termina in rizoidi scarsamente ramificati. Rizoide principale con costrizione (frecce nere).
Freccia rossa: zoospore.
a- ingrandimento 10x; b- ingrandimento 40x

2.5.9. Isolare EJ4

Piromycas mae J. L. Li in Li *et al.,* Canad. J.Bot. 68:1028,1990. Figg. 52-60
TIP. Li *et al.* 1990.

> Monocentrico; sporangi endogeni ed esogeni, sferici, ovoidali a forma di pera e allungati, 26-37*70-125 µm, spesso con una, occasionalmente con due papille distintive; sporangi esogeni di sporangiofori di lunghezza variabile, occasionalmente ramificati con due o tre sporangi (multi sporangi); il rizoide principale tubolare o spesso rigonfio sotto il collo, collo parzialmente e strettamente costrittore. Ingresso stretto; i rizoidi sono ramificati e allungati fino a 240 µm; lo scarico segue dopo la decomposizione di una o due papille, parete costante, le zoospore sono da sferiche a ovoidali, 2,5-11,0 µm, uniflagellate, raramente da due a quattro flagelli, flagello lungo 20-30 µm.

Monocentrico; gli sporangi sono allungati e ovali, 74,28*51,42 µm; il rizoide principale è filamentoso e ramificato, si allunga fino a 800 µm; lo sporangio può posarsi su sporangiofori sia più corti che più lunghi senza costrizioni; la fuoriuscita delle zoospore segue la decomposizione della parete dello sporangio; le zoospore sono da sferiche a ovali, 2,0-11,0 µm.

L'isolato è stato prelevato dalle feci di un cervo daino *(Cervus dama),* conservato nella Riserva Naturale Protetta Jasen, Skopje. Secondo la chiave di determinazione dei funghi anaerobi di Ho e Barr, 1995, la descrizione dell'isolato corrisponde completamente a quella di *Piromyces mae.*

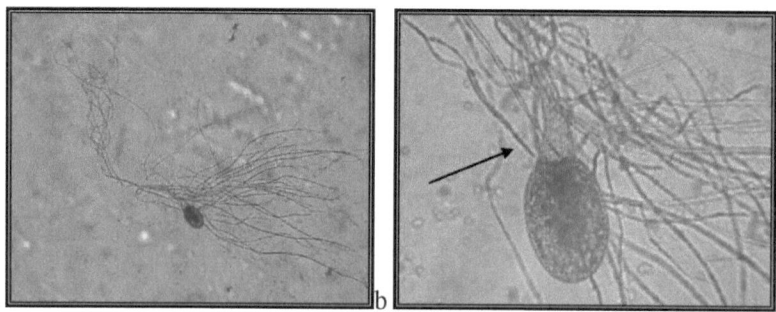

Figura 32. Ceppo EJ4- *Piromyces mae,* sporangio con sporangioforo corto (freccia). a- ingrandimento 10x; b- ingrandimento 40x

2.5.10. Isolare SJ2

Piromyces minutus Y. W. Ho in Ho *et al.,* Mycotaxon 47: 286- 287, 1993. Figg. 6671

TIP. Ho *et al.*, 1993c; la cultura D2 è nella collezione personale di Y.W.Ho, University Pertanian Malaysia.

> Monocentrico; gli sporangi sono strettamente endogeni, ellissoidi, a forma di pera o sferici, per lo più, 8-25*8.5-28 µm, a volte 40-80 µm di diametro; rizoidi da un singolo asse, occasionalmente da due a quattro assi; il rizoide principale è di solito abbastanza ramificato e termina in un sistema scarsamente ramificato; la fuoriuscita delle zoospore segue la decomposizione dell'ampio poro apicale, occasionalmente due pori di un grande sporangio; la parete dello sporangio è costante dopo la fuoriuscita delle zoospore; le zoospore sono globose, con un diametro di 5-7,5 µm, uniformi.5-7,5 µm di diametro, uniflagellati, occasionalmente da due a quattro flagelli, flagello lungo fino a 31 µm

Monocentrico; gli sporangi sono strettamente endogeni, ellissoidi o a forma di pera, con diametro di 171 µm; il rizoide principale non è ramificato, terminando in un sistema ramificato; la fuoriuscita delle zoospore segue un ampio poro apicale, occasionalmente due pori di un grande sporangio; le zoospore sono uniflore.

Nelle colture, questo tipo è facile da differenziare da altri *Piromyces* spp. per le dimensioni ridotte dello sporangio. È stato trovato solo in Malesia, nel rumine di Javan rusa (Ho *et al,* 1993c), capra, pecora e nel duodeno di pecora (Ho *et al,* 1994b).

L'isolato è stato prelevato dalle feci di un cervo daino *(Cervus dama),* conservato nella Riserva Naturale Protetta Jasen, Skopje. Secondo la chiave di determinazione dei funghi anaerobi di Ho e Barr, 1995, la descrizione dell'isolato corrisponde completamente a quella di *Piromyces minutus*.

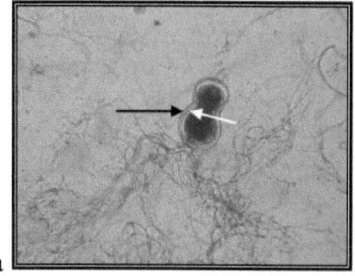 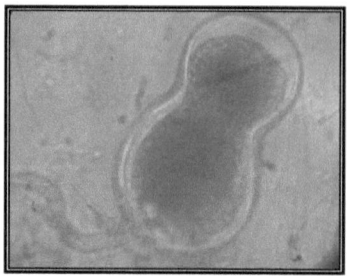

a

Figura 33. Ceppo SJ2- *Piromyces minutus,* sistema rizoide con due rizoidi principali. Le frecce indicano la parete a due strati dello sporangioforo, pieno di spore.
a- ingrandimento 10x; b- ingrandimento 40x

2.5.11. Isolare Z2

Neocallimastix frontalis (Braune) Vavra e Joyon ex I. B. Heath in Heath *et al.* Canad. J. Bot. 61: 306, 1983. Figg. 20-25

Callimastix frontalis Braune, Arch.Protistenk. 32:127, 1913.

=Neocallimastix patriciarum Orpin e E.A.Munn, Trans. Brit. Mycol. Soc. 86:180, 1986.

=Neocallimastix variabilis Y.W.Ho e D.J.S.Barr vo Ho *et al.,* Mycotaxon 46:242,1993.

LEKTOTIP. Isolamento PN1 in laboratorio - Dott. Geoff Gordon, Laboratorio, CSIRO, Divisione di produzione animale, PO Box 239, Blacktown, NSW 2148, Australia.

Sporangio endogeno o esogeno, sporangio esogeno sferico, 8,5170.0 μm di diametro, da largamente ellissoide a largamente ovoidale, occasionalmente irregolare; sporangio esogeno di sporangiofori con lunghezza diversa di alcuni micron fino a oltre 100 μm, occasionalmente ramificato con due sporangi; sporangio esogeno generalmente ellissoide a forma di pera o ovoidale, di lunghezza variabile da 10 μm a oltre 100 μm, occasionalmente tubiforme o irregolare; i rizoidi si dipartono principalmente da un asse, occasionalmente due o tre allo stesso lato dello sporangio, il collo non è ristretto o è leggermente ristretto, l'asse principale ha un diametro di

20 μm vicino allo sporangio, abbastanza ramificato, il rizoide principale è spesso arrotolato e i singoli rizoidi possono avere punti fortemente ristretti; le zoospore vengono liberate attraverso il poro apicale, accompagnate da una rapida decomposizione e fessurazione della parete dello sporangio; le zoospore sono di forma e lunghezza variabile, spesso con costrizione equatoriale all'inizio e successivamente da ovoidali a globose, zoospore globose di 7-22 μm di diametro con sette o circa 30 flagelli, lunghe 28-48 μm

Zoosporangia a sviluppo endogeno, sferica, 83.61 μm di diametro; i rizoidi nascono principalmente da un asse, occasionalmente due o tre sullo stesso lato dello sporangio, il collo è largo; l'asse principale vicino allo sporangio, fino a 32 μm di diametro, è arrotolato; il rizoide principale è spesso arrotolato; Il sistema rizoide è diffuso fino a 1 mm di diametro, le zoospore sono liberate attraverso il poro apicale, accompagnate da una rapida decomposizione e fessurazione della parete dello sporangio; le zoospore sono variabili in lunghezza e forma, zoospore sferiche di 7-22 μm di diametro, con 7-30 flagelli circa. L'isolato è stato prelevato dalle feci di uno zebù *(Bos indicus),* allevato nello ZOO di Skopje. Secondo la chiave di determinazione dei funghi anaerobi di Ho e Barr, 1995, la descrizione dell'isolato corrisponde completamente a quella di *Neocallimastix frontalis*.

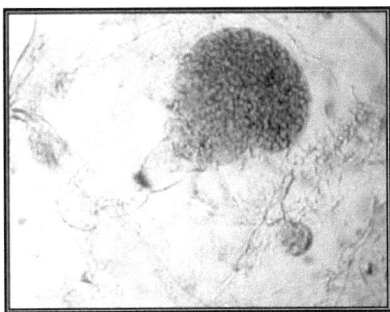

Figura 34. Ceppo Z2- *Neocallimastix frontalis,* sporangio esogeno con uova corte. sporangioforo, pieno di spore. Ingrandimento 900x

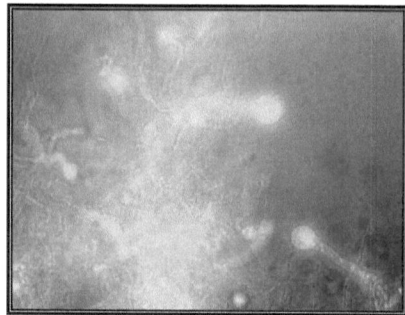

Figura 35. Ceppo Z2- *Neocallimastix frontalis*, al microscopio a fluorescenza. Ingrandimento 400x. La fluorescenza si verifica nei nuclei.

2.5.12. Isolare L2

Il micelio di lunghezza indeterminata si solleva sopra la cisti zoosporea in germinazione; è policentrico. Non sono state trovate zoospore. Le costrizioni delle ife sono a forma di istmo. Solo a causa dell'assenza di zoospore, non siamo stati in grado di determinare con certezza di quale genere di funghi anaerobi policentrici si trattasse; ma la presenza di costrizioni a forma di istmo correttamente posizionate indica che si tratta di funghi policentrici del genere *Anaeromyces*.

L'isolato è stato prelevato dalle feci di un lama *(Lama glama)*, conservato presso lo ZOO di Skopje.

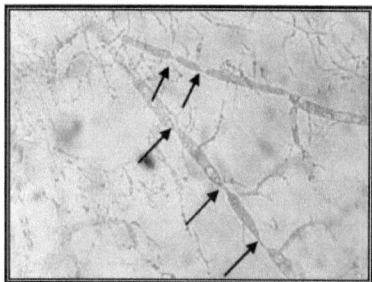

Figura 36. Ceppo L2- *Anaeromyces* spp., ceppo policentrico. Ingrandimento 400x. Frecce - anca costretta.

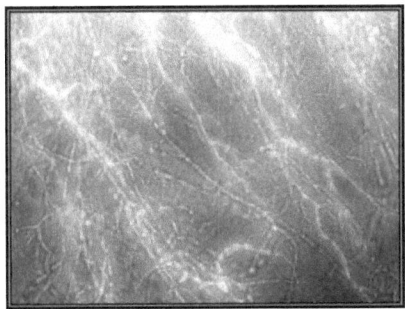

Figura 37. Ceppo L2- *Anaeromyces* spp., ceppo policentrico al microscopio a fluorescenza. Ingrandimento 400x. La fluorescenza si verifica nei nuclei.

2.5.13. Isolare J2

Anaeromyces elegans Y. W. Ho in Ho *et al.*, Mycotaxon 47: 283, 1993b. Figg. 39-44

Ruminomyces elegans Y.W.Ho in Y.W.Ho *et al.*, Mycotaxon 39: 398, 1990.

TIP. Ho *et al,* 1990.

Sporangi singoli, elissoidi, 15-75 * 29-120 µm, spesso a forma di spola (con proiezione apicale), formati su sporangiofori larghi 4-16 µm e lunghi 3183 µm; la fuoriuscita delle zoospore è sconosciuta; le zoospore sono sferiche, di 7,5-8,5 µm di diametro, uniflagellate, flagello lungo fino a 30 µm; ife costrette. Si è notata la presenza di ife simili ad ali e a grani.

Sporangi singoli longitudinali, 28*106 µm, a forma di spola (con bocciolo apicale), formati su sporangiofori, zoospore uniflagellate e ifa-costrette

L'isolato è stato prelevato dalle feci di uno yak domestico *(Bos gruniens)*, conservato nello ZOO di Skopje. Secondo la chiave di determinazione dei funghi anaerobi di Ho e Barr, 1995, la descrizione dell'isolato corrisponde completamente a quella di *Anaeromyces elegans*.

Questo tipo si trova spesso nel rumine di buoi e bufali in Malesia.

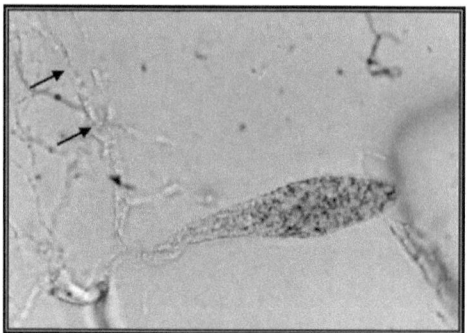

Figura 38. Ceppo J2- *Anaeromyces elegans*, ceppo policentrico. Ingrandimento 450x. Frecce - anca costretta.

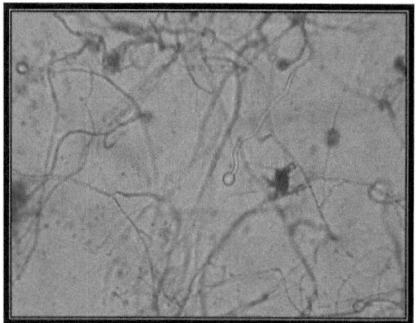

Figura 39. Zoospore uniflagellate - ceppo J2. Ingrandimento 40x.

2.5.14. Isolare V4

Il micelio di lunghezza indeterminata si solleva sopra la cisti zoosporea in germinazione; è policentrico. Le zoospore non sono state trovate. Costrizioni delle ife. Solo a causa dell'assenza di zoospore, non siamo stati in grado di determinare con certezza di quale genere di funghi anaerobi policentrici si trattasse.

L'isolato è stato prelevato dalle feci di watusi *(Bos vatusi)*, conservate presso lo ZOO di Skopje. Secondo la chiave di determinazione dei funghi anaerobi di Ho e Barr, 1995, la descrizione dell'isolato corrisponde completamente alla descrizione del genere policentrico di funghi anaerobi *Orpinomyces* spp. o *Anaeromyces* spp.

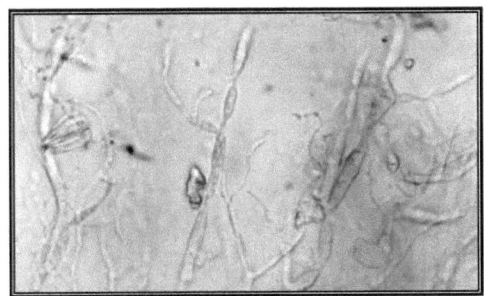

Figura 40. Ceppo V4- ceppo policentrico. Ingrandimento 450x.

2.5.15. Isolare BO3

Piromycas mae J. L. Li in Li *et al.,* Canad. J.Bot. 68:1028,1990. Figg. 52-60

TIP. Li *et al.* 1990.

> Monocentrico; sporangi endogeni ed esogeni, sferici, ovoidali a forma di pera e allungati, 26-37*70-125 µm, spesso con una, occasionalmente con due papille distintive; sporangi esogeni di lunghezza variabile, occasionalmente ramificati con due o tre sporangiofori (multi sporangi); il rizoide principale tubolare o spesso rigonfio sotto il collo, collo parzialmente e strettamente costritto. Ingresso stretto; i rizoidi sono ramificati e allungati fino a 240 µm; fino alla decomposizione di una o due papille, parete costante, le zoospore sono da sferiche a ovoidali, 2,5-11,0 µm, uniflagellate, raramente da due a quattro flagelli, flagello lungo 20-30 µm.

Monocentrico; gli sporangi sono a doppia pera (cuoriforme), 39-61*89-128 µm, con diverse papille; il rizoide principale è filamentoso e ramificato, allungato fino a 450 µm; lo scarico segue dopo una o due papille; zoospore sferiche, 2,0-12,5 µm, uniflagellate, raramente da due a quattro flagelli.

L'isolato è stato prelevato dalle feci di una pecora barbara *(Ammotragus lervia),* conservata nello ZOO di Skopje. Secondo la chiave di determinazione dei funghi anaerobi di Ho e Barr, 1995, la descrizione dell'isolato corrisponde completamente a quella di *Piromyces mae*.

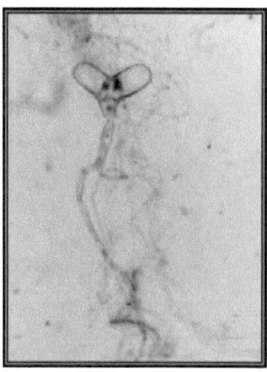

Figura 41. Ceppo BO3- *Piromyces mae,* sporangio endogeno con due papille. Ingrandimento 450x.

2.5.16. Isolare ES1

Piromyces citronii B. Gaillard-Martinie in Gaillard-Martinie *et al.,* FEMS Micr. Lett. 130: 321-326, 1995. Figg. 1-9.

TIP. Gaillard-Martinie *et al.,* 1995.

> Tallo monocentrico, zoosporangia sferica o elittica, 75-125*40-100 µm, singola; zoospore sferiche, 6,5-8,3 µm, uniflagellate, flagello 30-40 µm.

Fungo filamentoso, con tallo monocentrico; con sporangi doppi ovali che si mantengono su uno sporangio con diametro di circa 77 µm. Quando sono maturi, la metà superiore dello sporangio si apre e vengono liberate le zoospore. Le zoospore hanno un diametro di 7,3 µm; sono uniflagellate.

L'isolato è stato prelevato dalle feci di un cervo rosso *(Cervus elaphus),* conservato presso lo ZOO di Skopje. Secondo la chiave di determinazione dei funghi anaerobi di Ho e Barr, 1995, la descrizione dell'isolato corrisponde completamente a quella di *Piromyces citronii.*

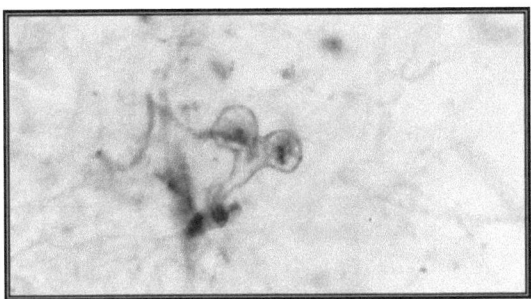

Figura 42. Ceppo ES1- *Piromyces citronii*, tallo monocentrico. Ingrandimento 450x.

2.5.17. Isolare J1

Piromycas mae J. L. Li in Li *et al.*, Canad. J.Bot. 68:1028,1990. Figg. 52-60

TIP. Li *et al.* 1990.

>Monocentrico; sporangi endogeni ed esogeni, sferici, ovoidali a forma di pera e allungati, 26-37*70-125 μm, spesso con una, occasionalmente con due papille distintive; sporangi esogeni di sporangiofori di lunghezza variabile, occasionalmente ramificati con due o tre sporangi (multi sporangi); il rizoide principale tubolare o spesso rigonfio sotto il collo, collo parzialmente e strettamente costrittore. Ingresso stretto; i rizoidi sono diffusi e allungati fino a 240 μm; lo scarico segue dopo la decomposizione di una o due papille, parete costante, le zoospore sono da sferiche a ovoidali, 2,5-11,0 μm, uniflagellate, raramente da due a quattro flagelli, flagello lungo 20-30 μm.

Monocentrico; gli sporangi sono allungati; il rizoide principale è filamentosamente ramificato, allungato fino a 450 μm; zoospore sferiche, 2,0-12,3 μm, uniflagellate, raramente da due a quattro flagelli.

L'isolato è stato prelevato dalle feci di uno yak *(Bos gruniens),* conservato nello ZOO di Skopje. Secondo la chiave di determinazione dei funghi anaerobi di Ho e Barr, 1995, la descrizione dell'isolato corrisponde completamente a quella di *Piromyces mae.*

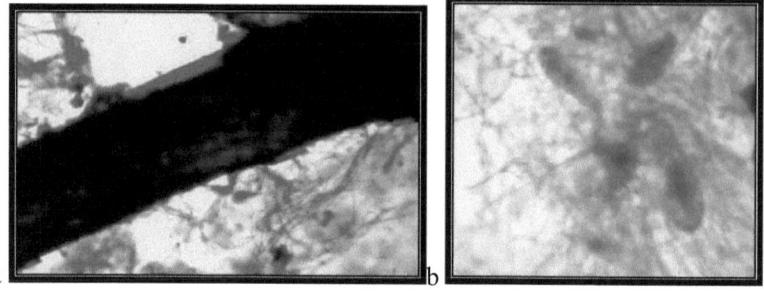

Figura 43. Ceppo J1- *Piromyces mae*, ceppo monocentrico.
a- sporangi su un pezzo di paglia digerito; ingrandimento 10x;
b- ingrandimento 40x

2.5.18. Isolare J3

Neocallimastix frontalis (Braune) Vavra e Joyon ex I. B. Heath in Heath *et al.*
Canad. J. Bot. 61: 306, 1983. Figg. 20-25

Callimastix frontalis Braune, Arch.Protistenk. 32:127, 1913.

=Neocallimastix patriciarum Orpin e E.A.Munn, Trans. Brit. Mycol. Soc. 86:180, 1986.

=Neocallimastix variabilis Y.W.Ho e D.J.S.Barr in Ho *et al.*, Mycotaxon 46:242,1993.

LEKTOTIP. Isolare PN1 in laboratorio - Dott. Geoff Gordon, Laboratorio, CSIRO, Divisione di produzione animale, PO Box 239, Blacktown, NSW 2148, Australia.

Sporangio endogeno o esogeno, sferico, 8,5-170.0 µm di diametro, da largamente ellissoide a largamente ovoidale, occasionalmente irregolare; sporangio esogeno di sporangiofori con lunghezza diversa di alcuni micron fino a oltre 100 µm, occasionalmente ramificato con due sporangi; sporangio esogeno generalmente ellissoide a forma di pera o ovoidale, di lunghezza variabile da 10 µm a oltre 100 µm, occasionalmente tubiforme o irregolare; i rizoidi partono principalmente da un asse, occasionalmente due o tre dallo stesso lato dello sporangio, il collo non è ristretto o è leggermente ristretto, l'asse principale ha un diametro di 20 µm vicino allo sporangio, ampiamente diffuso, il rizoide principale è spesso arrotolato e i singoli rizoidi possono avere punti fortemente ristretti; le zoospore vengono liberate attraverso il poro apicale, accompagnate da una rapida decomposizione e fessurazione della parete dello sporangio; le zoospore sono variabili in lunghezza e forma, spesso con una costrizione equatoriale all'inizio e successivamente da ovoidali a globose, zoospore globose di 7-22 µm di diametro con sette o circa 30 flagelli, lunghe 28-48 µm

Zoosporangi sviluppati endogenamente, di forma ovale allungata; i rizoidi nascono principalmente da un asse, occasionalmente due o tre sullo stesso lato dello sporangio, il collo è largo; l'asse principale vicino allo sporangio, fino a 18 µm di diametro, arrotolato; il rizoide principale è spesso ritorto; Il sistema rizoide è diffuso fino a 1 mm di diametro, le zoospore sono liberate attraverso il poro apicale, accompagnate da una rapida decomposizione e fessurazione della parete dello sporangio; le zoospore sono variabili in lunghezza e forma, con un diametro di 5-18 µm, con 7-30 flagelli.

L'isolato è stato prelevato dalle feci di uno yak *(Bos gruniens)*, conservato nello ZOO di Skopje. Secondo la chiave di determinazione dei funghi anaerobi di Ho e Barr, 1995, la descrizione dell'isolato corrisponde completamente a quella di

Neocallimastix frontalis.

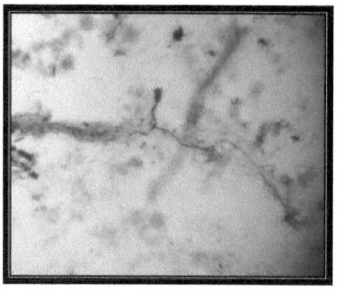
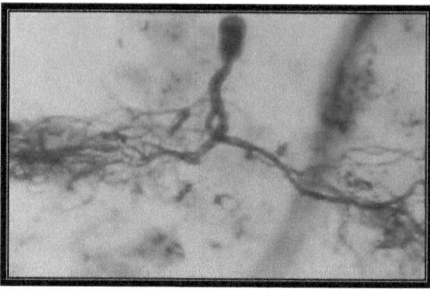

a

Figura 44. Ceppo J3- *Neocallimastix frontalis,* sporangio su lungo sporangioforo, completo di spore.
a- ingrandimento 10x; b- ingrandimento 40x

2.5.19. Isolare MR1

Neocallimastix frontalis (Braune) Vavra e Joyon ex I. B. Heath in Heath *et al.* Canad. J. Bot. 61: 306, 1983. Figg. 20-25

Callimastix frontalis Braune, Arch.Protistenk. 32:127, 1913.

=Neocallimastix patriciarum Orpin e E.A.Munn, Trans. Brit. Mycol. Soc. 86:180, 1986.

=Neocallimastix variabilis Y.W.Ho e D.J.S.Barr vo Ho *et al.,* Mycotaxon 46:242,1993.

LEKTOTIP. Isolare PN1 in laboratorio - Dott. Geoff Gordon, Laboratorio, CSIRO, Divisione di produzione animale, PO Box 239, Blacktown, NSW 2148, Australia.

Sporangio endogeno o esogeno, sferico, 8,5-170.0 µm di diametro, ampiamente ellissoide, occasionalmente irregolare; sporangio esogeno di sporangiofori con lunghezza diversa di alcuni micron fino a oltre 100 µm, occasionalmente ramificato con due sporangi; sporangio esogeno generalmente ellissoide a forma di pera o ovoidale, di lunghezza variabile da 10 µm a oltre 100 µm, occasionalmente tubiforme o irregolare; i rizoidi si dipartono principalmente da un asse, occasionalmente due o tre sullo stesso lato dello sporangio, il collo non è ristretto o è leggermente ristretto, l'asse principale ha un diametro di 20 µm vicino allo sporangio, ampiamente ramificato, il rizoide principale è spesso arrotolato e i singoli rizoidi possono avere punti fortemente ristretti; Le zoospore vengono liberate attraverso il poro apicale, accompagnate da una rapida decomposizione e fessurazione della parete dello sporangio; le zoospore sono di forma e lunghezza variabile, spesso con costrizione equatoriale all'inizio e successivamente da ovoidali a globose, zoospore globose di 7-22 μm di diametro con sette o circa 30 flagelli, lunghe 28-48 μm.

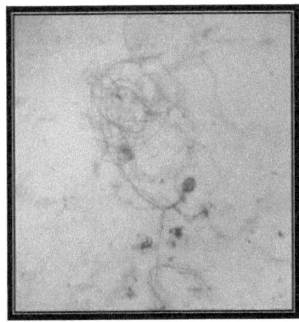 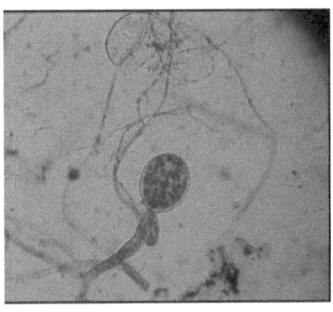

Figura 45. Ceppo MR1- *Neocallimastix frontalis*, sporangio con lungo sporangioforo, con spore.
a- ingrandimento 10x; b- ingrandimento 40x

Zoosporangia a sviluppo endogeno, sferica con diametro di 42 μm; i rizoidi nascono principalmente da un asse, occasionalmente due o tre sullo stesso lato dello sporangio, il collo è largo; l'asse principale vicino allo sporangio, fino a 15 μm di diametro, è arrotolato; Il sistema rizoide è diffuso fino a 1 mm di diametro, le zoospore sono liberate attraverso il poro apicale, accompagnate da una rapida decomposizione e fessurazione della parete dello sporangio; le zoospore sono di lunghezza e forma variabile, spesso sferiche, con 7-30 flagelli.

L'isolato è stato prelevato dalle feci di un muflone *(Ovis musimon)*, conservato nella Riserva Naturale Protetta Jasen, Skopje. Secondo la chiave di determinazione dei funghi anaerobi di Ho e Barr, 1995, la descrizione dell'isolato corrisponde completamente a quella di *Neocallimastix frontalis*.

Tabella 10. Sintesi dei ceppi determinati.

Animal	Isolate	Phylum
Fallow deer (*Cervus dama*)	EZ1	*Neocallimastix frontalis*
Fallow deer (*Cervus dama*)	EZ2	*Neocallimastix frontalis*
Fallow deer (*Cervus dama*)	EZ3	*Neocallimastix spp.*
Fallow deer (*Cervus dama*)	EJ1	*Neocallimastix spp.*
Roe deer (*Capreolus capreolus*)	SZ1	*Piromyces mae*
Roe deer (*Capreolus capreolus*)	SJ1	*Piromyces mae*
Fallow deer (*Cervus dama*)	EJ2	*Piromyces communis*
Fallow deer (*Cervus dama*)	EJ3	*Piromyces minutus*
Fallow deer (*Cervus dama*)	EJ4	*Piromyces mae*
Roe deer (*Capreolus capreolus*)	SJ2	*Piromyces minutus*
Cattle (*Bos indicus*)	Z2	*Neocallimastix frontalis*
Llama (*Lama glama*)	L2	*Anaeromyces spp.*
Yak (*Bos gruniens*)	J2	*Anaeromyces elegans*

Animal	Isolate	Phylum
Watusi (*Bos vatusi*)	V4	Polycentric genus
Barbary sheep (*Ammotragus lervia*)	BO3	*Piromyces mae*
Red deer (*Cervus elaphus*)	ES1	*Piromyces citronii*
Yak (*Bos gruniens*)	J1	*Piromyces mae*
Yak (*Bos gruniens*)	J3	*Neocallimastix frontalis*
Moufflon (*Ovis musimon*)	MR1	*Neocallimastix frontalis*

RIFERIMENTI

1. Akin, D. E. (1987). Uso della chitinasi per determinare i funghi del rumine con tessuti vegetali in vitro. *Appl Environ Microbiol* **53**. 1955-1958.

2. Akin, D. E., Borneman, W. S., Lyon, C. E. (1990). Degradazione di lamine e steli di foglie da parte di isolati monocentrici e policentrici di funghi ruminali. *Anim Feed Sci Technol* **31**.205-221.

3. Akin, D. E., Borneman, W. S., Windham, W. R. (1988). Funghi del rumine: tipi morfologici di bovini della Georgia e attacco alle pareti cellulari del foraggio. *BioSystems* **21**.385-391.

4. Akin, D. E., Gordon, G. L. R., Hogan, J. P. (1983). Degradazione batterica e fungina nel rumine di *Digitaria pentzii* coltivata con o senza zolfo. *Appl Environ Microbiol* **46**.738-748.

5. Argyle, J. L., Douglas, L. (1989). La chitina come marcatore fungino. In *The roles of protozoa and fungi in ruminant digestion*. (eds. J. V. Nolan, R. A. Leng, D. I. Demeyer). pp. 289-290. Penambul Books, Armidale, Nuovo Galles del Sud, Australia.

6. Asoa, N., Ushida, K., Kojima, Y. (1993). Attività proteolitica di funghi del rumine appartenenti ai generi *Neocallimastix* e *Piromyces*. *Lett Appl Microbiol* **16**.247-250.

7. Attenborough, D. (1990). *Le prove della vita*, pp. 163-184. Collins: Londra.

8. Babel, F. J. (1977). Antibiosi da batteri di coltura lattica. *J. Dairy Sci.* **60**:815821.

9. Barichievich, E. M., Calza, R. E. (1990). Induzione di attività cellulasiche extracellulari in *Neocallimastix frontalis* EB188. *Curr Microbiol* **20**. 265-271.

10. Barichievich, E. M., Calza, R. E. (1990a). Attività proteiche e cellulasiche del surnatante del fungo ruminale anaerobio *Neocallimastix frontalis* EB188. *Appl Environ Microbiol* **56**.43-48.

11. Barr, D. J. S. (1983). Il raggruppamento zoosporico dei patogeni vegetali. In *Patogeni vegetali zoosporici.* (ed. T. Buczacki). Pp. 161-192. Academic Press: London.

12. Barr, D. J. S. (1988). Come la moderna sistematica si rapporta ai funghi del rumine. *BioSystems* **21**. 351-356.

13. Barr, D. J. S., Kudo, H., Jakober, K. D., Cheng, K. J. (1989). Morfologia e sviluppo di funghi del rumine: *Neocallimastix* sp., *Piromyces communis* e *Orpinomyces bovis* gen. nov., sp. nov. *Can JBot* **67**. 2815-2824.

14. Bauchop, T. & Clarke, R. T. (1977). *Ecologia microbica dell'intestino*. Academic Press: London.

15. Bauchop, T. (1979a). Funghi anaerobi del rumine di bovini e ovini. *Appl Environ Microbiol* **38**. 148-158.

16. Bauchop, T. (1979b). I funghi anaerobi del rumine: colonizzatori della fibra vegetale. *Ann Rech Vet* **10**. 246-248.

17. Bauchop, T. (1980). La microscopia elettronica a scansione nello studio della digestione microbica di frammenti vegetali nell'intestino. In *Ecologia microbica contemporanea.* (ed. D. C. Ellwood, J. N. Hedger, M. J. Latham et al.). pp. 305-326. Academic Press: Londra.

18. Bauchop, T. (1983). I funghi anaerobi intestinali: colonizzatori di fibre alimentari. In *Fibre in Human and Animal Nutrition* (eds. G. Wallace, L. Bell). pp. 143-148. Wellington, Nuova Zelanda: Royal Society of New Zealand.

19. Bauchop, T. (1989). Biologia dei funghi anaerobi intestinali. *BioSystems* **23**. 53-64.

20. Bauchop, T., Mountfort, D. O. (1981). Fermentazione della cellulosa da parte di un fungo anaerobio del rumine in assenza e presenza di metanogeni del rumine. *Appl Environ Microbiol* **42**. 1103-1110.

21. Becker, E. R. & Hsuing, T. S. (1929). Il metodo con cui i ruminanti acquisiscono la loro fauna di infusori e osservazioni riguardanti gli esperimenti sulla specificità dell'ospite di questi protozoi. *Atti dell'Accademia Nazionale delle Scienze*, USA **15**. 684-690.

22. Bernalier, A., Fonty, G. e Gouet, P. (1988). Degradazione e fermentazione della cellulosa da parte di *Neocallimastix* sp. MCH3 da sola o associata ad alcune specie batteriche del rumine. *Reprod. Nutr. Dev.* **28**(Suppl. 1):75-76.

23. Biely, P. (1985). Sistemi microbici xilanolitici. *Trends Biotechnol* **3**. 286-290.

24. Body, D. R., Bauchop, T. (1985). Composizione lipidica del fungo anaerobio obbligato *Neocalimastix frontalis* isolato da un rumine bovino. *Can J Microbiol* **31**. 463-466.

25. Boisset, C., Fraschini, C., Schulein, M., Henrissat, B., Chanzy, H. (2000). L'imaging della digestione enzimatica di nastri di cellulosa batterica rivela il carattere endogeno della Cellobioidrolasi Cel6a di *Humicola insolens* e la sua modalità di sinergia con la Cellobioidrolasi Cel7a. *Appl Environ Microbiol* **66**(4): 1444-52.

26. Borneman, W. S., Akin, D. E., Ljungdahl, L. G. (1989). Prodotti di fermentazione ed enzimi di degradazione della parete cellulare vegetale prodotti da funghi ruminali anaerobi monocentrici e policentrici. *Appl Environ Microbiol* **55**. 1066-1073.

27. Borneman, W. S., Hartley, R. D., Morrison, W. H., Akin, D. E., Ljungdahl, L.

G. (1990). Feruloil e *p-coumaroil* esterasi di funghi anaerobi in relazione alla degradazione della parete cellulare delle piante. *Appl Microbiol Biotechnol* **33**. 345-351.

28. Borneman, W. S., Ljungdahl, L. G., Hartley, R. D., Akin, D. E. (1991). Isolamento e caratterizzazione della *p-coumaroil* esterasi dal ceppo anaerobio *Neocallimastix* MC-2. *Appl Environ Microbiol* **57**. 2337-2344.

29. Borneman, W. S., Ljungdahl, L. G., Hartley, R. D., Akin, D. E. (1992). Purificazione e parziale caratterizzazione di 2 feruloil esterasi dal fungo anaerobio *Neocallimastix* ceppo MC-2. *Appl Environ Microbiol* **58**. 3762-3766.

30. Bovee, E. C. (1961). Protozoi aquilinici di gasteropodi d'acqua dolce. II. *Callimastix jolepsi* n. sp. dall'intestino della lumaca d'acqua dolce polmonata, *Helisoma duryi* Say, in Florida. *Quart J Florida Acad Sci* **24**. 208-214.

31. Braune, R. (1913). Indagini sulla morte in Wiederkäuermayen vorkommenden Protozoen. *Arch Protistenk* **32**.111-170.

32. Breton, A., Bernalier, A., Bonnemoy, F., Fonty, G., Gaillard, B., Gouet, Ph. (1989). Caratterizzazione morfologica e metabolica di una nuova specie di fungo del rumine strettamente anaerobio: *Neocallimastix joyonii*. *FEMS Microbiol Lett* **58**. 309-314.

33. Breton, A., Bernalier, A., Dusser, M., Fonty, G., Gaillard-Martinie, B., Guillot, J. (1990). *Anaeromyces mucronatus* nov. gen., nov. sp. Un nuovo fungo del rumine strettamente anaerobio con tallo policentrico. *FEMS Microbiol Lett* **70**. 177-182.

34. Brookman, J. L., Ozkose, E., Rogers, S., Trinci, A. P., Theodorou, M. K. (2000a). Identificazione di spore nei funghi anaerobi policentrici dell'intestino che aumentano la loro capacità di sopravvivenza. *FEMS Microbiology Ecology* **31**. 261-267.

35. Bryant, M. P. (1972). Commento sulla tecnica hungate per la coltura di batteri anaerobi. *Am J Clin Nutr* **25**. 1324-1328.

36. Brugerolle, G. (1972). Caractérisation ultrastructurale et citochimique de deux types de granules cytoplasmiques chez les *Trichomonas*. *Protistologica* **8**. 353363.

37. Caldwell, D.R. & Bryant, M.P. (1966). Terreno senza liquido del rumine per l'enumerazione e l'isolamento non selettivo dei batteri del rumine. *Appi. Microbiol.* **14**.794.

38. Calza, R. E. (1991a). Sintesi nascente e secrezione di cellobiasi in *Neocallimastix frontalis* EB188. *Curr Microbiol* **23**. 175-180.

39. Chen, H., Li, X., Ljungdahl, L. G. (1994). Isolamento e proprietà di una ^-*glucosidasi* extracellulare dal fungo policentrico del rumine *Orpinomyces* sp. ceppo PC-2. *Appl Environ Microbiol* **60**. 64-70.

40. Church, D. C. (1969). *Fisiologia digestiva e nutrizione dei ruminanti,* pp. 58-99. Oregon State University Bookstores Inc. Oregon, U.S.A.

41. Clarke, A.J. (1997). Biodegradazione della cellulosa. *Enzimologia e Biotecnologie* 1-21.

42. Coughlan, M. P. (1990). Degradazione della cellulosa da parte dei funghi. In *Enzimi microbici e biotecnologia.* (eds. W. M. Fogarty, C. T. Kelly). pp. 1-36. Elsevier Applied Science: London, UK.

43. Davies, D. R., Theodorou, M. K., Lawrence, M. I. e Trinci, A. P. J. (1993). Distribuzione dei funghi anaerobi nel tratto digestivo dei bovini e loro sopravvivenza nelle feci. *Journal of General Microbiology* **139**, 1395-1400.

44. Davies, D. R., Theodorou, M. K., Trinci, A. P. J. (1990). Funghi anaerobi nel

tratto digestivo e nelle feci di manzi in crescita: prove di un terzo stadio del loro ciclo vitale. *4th Congresso Internazionale di Micologia,* Regensburg, Germania.

45. Dehority, B. A. & Scott, H. W. (1967). Estensione della digestione di cellulasi ed emicellulasi in vari foraggi da parte di colture pure di batteri del rumine. *Journal of Dairy Science* **50**. 1136-1141.

46. Dehority, B. A., Varga, G. A. (1991). Numero di batteri e funghi nel contenuto ruminale e cecale del Duiker blu *(Cephalus montícola). Appl Environ Microbiol* **57**. 469-472.

47. Dehority, B. A. & Tirabasso, P. A. (2000). Antibiosi tra batteri ruminali e funghi ruminali. *Appl Environ Microbiol,* **66** (7). 2921-2927.

48. Denman, S., Xue, G. P., Patel, B. (1996). Caratterizzazione di un cDNA di cellulasi *di Neocallimastix patriciarum* (cel A) omologo alla cellobioidrolasi II *di Trichoderma reesei. Appl Environ Microbiol* **62**. 1889-1896.

49. Doré, J., Stahl, D. A. (1991). Filogenesi dei *Chytridiomycetes* anaerobi del rumine in base al confronto delle sequenze di RNA ribosomiale a piccola subunità. *Can J Bot* 69. 1964-1971.

50. Eadie, J. M. (1962). Lo sviluppo delle popolazioni microbiche del rumine in agnelli e vitelli in varie condizioni di gestione. *Journal of General Microbiology* **29**. 563-578.

51. Fonty, G. Gouet, P. H., Jouanny, J. P., Senaud, F. (1987). Stabilizzazione della microflora e dei funghi anaerobi nel rumine degli agnelli. *J Gen Microbiol* **133**. 1835-1843.

52. Francia, J., Theodorou, M. K., Davies, D. (1990). L'uso delle concentrazioni di zoospore e dei parametri del ciclo vitale per determinare la popolazione di funghi anaerobi nell'ecosistema del rumine. *J Theor Biol* **147**. 413-422.

53. Gaillard, B., Breton, A., Bernalier, A. (1989). Studio del ciclo nucleare di quattro specie di funghi del rumine strettamente anaerobi mediante microscopia a fluorescenza. *Current Microbiol* **19**. 103-107.

54. Gaillard, B., Citron, A. (1989). Studio ultrastrutturale di due funghi del rumine: *Piromonas communis* e *Sphaeromonas communis*. *Curr Microbiol* **18**. 8386.

55. Gaillard-Martinie, B., Breton, A., Dusser, M., Guillot, J. (1992). Contributo alla caratterizzazione morfologica, citologica e ultrastrutturale di *Piromyces mae,* un fungo del rumine strettamente anaerobio. *Curr Microbiol* **24**. 159164.

56. Garcia-Campayo, V., Wood, T. M. (1993). Purificazione e caratterizzazione di una ^-D-xilosidasi dal fungo anaerobio del rumine *Neocallimastix frontalis*. *Carbohydr Res* **242**. 229-245.

57. Gardner, K. H., Blackwell, J. (1974). Il legame idrogeno nella cellulosa. *Biochim Biophys Acta* **343**. 232-237.

58. Geertman, E. J. M. (1992). Potenziali applicazioni biotecnologiche di un sistema di rumine artificiale. Tesi di dottorato, Università di Nijmegen, Nijmegen, Paesi Bassi.

59. Gilbert, H. J., Hazlewood, G. P. (1991). Modifica genetica della digestione delle fibre. *Proc Nutr Soc* 50. 173-186.

60. Gold, J. J., Heath, I. B., Bauchop, T. (1988). Descrizione ultrastrutturale di un nuovo genere di anaerobi del cieco, *Caecomyces equi* gen. nov., sp. nov., assegnato alle Neocallimasticaceae. *BioSystem* **21**. 403-415.

61. Gordon, G. L. R., Phillips, M. W. (1992). Pectina liasi extracellulare prodotta da *Neocallimastix* sp. LM1: un fungo anaerobio del rumine. *Lett Appl Microbiol* **15**. 113-115.

62. Gottschalk, G. (1985). *Metabolismo batterico.* 2nd edn. Springer, Berlino, Heidelberg: New York.

63. Grenet, E., Barry, P. (1988). Colonizzazione di tessuti vegetali a parete spessa da parte di funghi anaerobi. *Anim Feed Sci Technol* **19**. 25-31.

64. Grenet, E., Breton, A., Fonty, G., Barry, P., Re'mond, B. (1988a). Influenza del regime alimentare sulla popolazione fongique anae'robie del rumine. *Reprod. Nutr. Dev.* **28**:127-128.

65. Gulati, S. K., Ashes, J. R., Gordon, G. L. R., et al. (1989). Disponibilità nutrizionale degli aminoacidi dei funghi anaerobi del rumine *Neocallimastix* sp. LM1 negli ovini. *J Agri Sci Cambr* **113**. 383-387.

66. Heath, I. B. (1976). Ultrastruttura dei ficomiceti d'acqua dolce. In *Recent Advances in Aquatic Mycology.* (ed E. B. J. Jones). pp. 603-650. Paul Elek Press: London.

67. Heath, I. B. (1988). Raccomandazioni per i futuri studi tassonomici sui funghi intestinali. *BioSystem* **21**. 417-418.

68. Heath, I. B., Bauchop, T., Skipp, R. A. (1983). Assegnazione dell'anaerobo del rumine *Neocallimastix frontalis* alle Spizellomycetales (Chytridiomycetes) sulla base della sua ultrastruttura di zoospore poliflagellate. *Can J Bot* **61**. 295307.

69. Hébraud, M., Fèvre, M. (1988), Caratterizzazione di glicosidi e di polisaccaridi idrolasi secreti dai funghi anaerobi del rumine
Neocallimastix frontalis, Sphaeromonas communis e *Piromonas communis. J Gen Microbiol* **134**: 1123-1129.

70. Hébraud, M., Fèvre, M. (1990), Purificazione e caratterizzazione di una ß-xilosidasi extracellulare dal fungo anaerobio del rumine *Neocallimastix*

frontalis. FEMS Microbiol Lett **72**. 11-19.

71. Ho, Y. W., Abdullah, N., Jalaludin, S. (1988a). Colonizzazione dell'erba cavia da parte di funghi anaerobi del rumine in bufali e bovini di palude. *Anim Feed Sci Technol* **22**.161-172.

72. Ho, Y. W., Abdullah, N., Jalaludin, S. (1988a). Colonizzazione dell'erba cavia da parte di funghi anaerobi del rumine in bufali e bovini di palude. *Anim Feed Sci Technol* **22**.161-172.

73. Ho, Y. W., Abdullah, N., Jalaludin, S. (1988b). Strutture penetranti di funghi anaerobi del rumine in bovini e bufali di palude. *J Gen Microbiol* **134**. 177181.

74. Ho, Y. W., Barr, D. J. S., Abdullah, N., Jalaludin, S., Kudo, H. (1993a). Una nuova specie di *Piromyces* dal rumine di cervi in Malesia. *Mycotaxon* **47**. 285293.

75. Ho, Y. W., Barr, D. J. S., Abdullah, N., Jalaludin, S., Kudo, H. (1993c). *Neocallimastix variabilis,* una nuova specie di fungo anaerobio proveniente dal rumine di bovini. *Mycotaxon* **46**. 241-258.

76. Ho, W.Y., Barr, D.J.S (1995). Classificazione dei funghi anaerobi intestinali degli erbivori con particolare attenzione ai funghi del rumine della Malesia. *Mycologia* **87(5)**. 655-677.

77. Ho, Y. W., Khoo, I. Y. S., Tan, S. G., Abdullah, N., Jalaludin, S., Kudo, H. (1994b). Analisi dell'izozima di funghi anaerobi del rumine e loro relazione con i chytrids aerobi. *Microbiologia* **140**. 1495-1504.

78. Ho, Y. W., Bauchop, T., Abdullah, N., Jalaludin, S. (1990). *Ruminomyces elegans* gen. et sp. nov., un fungo anaerobio policentrico del rumine dei bovini. *Mycotaxon* **38**. 397-405.

79. Hobson, P. N. & Wallace, R. J. (1982). Ecologia e attività microbica nel rumine, parte I. *Critical Reviews in Microbiology* **9**, 165-225.

80. Hobson, P. N. (1971). Microrganismi del rumine. *Progress in Industrial Microbiology* **9**, 42-77.

81. http://www.fibersource.com/f-tutor/cellulose.htm#chemistry; 2005.01.16

82. Hsuing, T. S. (1929). Una monografia sui protozoi dell'intestino crasso del cavallo. *Iowa State Coll J Sci* **4**. 359-343.

83. Hungate, R. E. (1966). *Il rumine e i suoi microbi.* Academic Press: Londra.

84. Hungate, R. E. (1969). Un metodo in provetta per la coltivazione di anaerobi stellari. *Methods Microbiol* **3B**. 117-132.

85. Jeffries, T. W. (1990). Biodegradazione di complessi lingo-carboidrati. *Biodegradazione* **1**. 163-167.

86. Jensen, E. H. C., Hammond, D. M. (1964). Studio morfologico di tricomonadi e flagellati affini del tratto digestivo bovino. *J Protozool* **11**. 386-394.

87. Joblin, K. N., Matsui, H., Naylor, G. E., Ushida, K. (2002). Degradazione di loglio fresco da parte di co-culture metanogene di funghi ruminali cresciuti in presenza o in assenza di *Fibrobacter succinogenes*. *Curr Microbiol* **45**. 46-53.

88. Kamra, D. N. (2005). Ecosistema microbico del rumine. *Current Science* **89**. N° 1. 124-135.

89. Karling, J. S. (1978). *Chytriomycetarum icongraphia: guida illustrata e descrittiva dei generi chytridiomycetous con un supplemento degli hyphochytridiomycetes.* J Cramer, Monticello: New York.

90. Kemp, P., Jordan, D. J., Orpin, C. G., (1985). Gli aminoacidi liberi e proteici dei funghi ficomiceti del rumine *Neocallimastix frontalis* e *Piromonas communis*. *J Agri Sci Cambr* **105**. 523-526.

91. Kemp, P., Lander, D., Orpin, C. G. (1984). I lipidi del fungo anaerobio del rumine Piromonas comunicante. *J Gen Microbiol* **130**. 27-37.

92. Kerscher, L., Oesterhelt, D. (1982). Pyrivate: ferredossina ossidoreduttasi - nuove scoperte su un antico enzima. *Trends Biochem Sci* **7**. 371-374.

93. Kirk, T. K. (1971). Effetto dei microrganismi sulla lignina. *Annu Rev Phytopathol* **9**. 185-210.

94. Koch, W. J. (1968). Studi sulle cellule mobili dei chytrids. IV. I planonti nella tassonomia sperimentale dei Phycomyces acquatici. *J. Elisha Mitchell Sci. Soc.* **84**. 69-83.

95. Latham, M. J. (1980). Adesione dei batteri del rumine alle pareti cellulari delle piante. In *Microbial Adhesion to Surfaces*, (ed. R. C. W. Berkeley, J. M. Lynch, J. Melling, P. R. Rutter & B. V. Vincent), pp. 339-350. Ellis Horwood: Chichester.

96. Latham, M. J., Brooker, B. E., Pettipher, G. L. & Harris, P. J. (1978). Rivestimento cellulare e adesione di *Ruminococcus flavefaciens* alla cellulosa di cotone e alle pareti cellulari di foglie di loglio perenne (*Lolium perenne*). *Microbiologia applicata e ambientale* **35**. 156-165.

97. Lawrence, M. I. (1993). *Uno studio sui funghi anaerobi isolati da ruminanti ed erbivori monogastrici*. Tesi di dottorato, Università di Manchester, Manchester.

98. Lee, S., S., Ha, J. K., Cheng, K. J. (2000). Contributo relativo di batteri, protozoi e funghi alla degradazione in vitro delle pareti cellulari di orchidee e loro interazioni. *Appl Environ Microbiol* **66**.3807-3813.

99. Leedle, J. A. Z., Hespell, R. B. (1980). Terreno carboidrato differenziale e tecniche di replica anaerobica per delineare i sottogruppi che utilizzano i carboidrati nelle popolazioni batteriche del rumine. *Appl Environ Microbiol* **39**.709-719.

100. Li, J., Heath, I. B. (1992). Relazioni filogenetiche dei funghi intestinali anaerobi Chytridiomycetous (*Neocallimasticaceae*) e dei Chytridiomycota I: analisi cladistica delle sequenze di rRNA. *Can JBot* **70**.1738-1746.

101. Li, J., Heath, I. B., Bauchop, T. (1990). *Piromyces mae* e *Piromyces dumbonica*, due nuove specie di funghi chytridiomiceti anaerobi uniflagellati provenienti dall'intestino posteriore del cavallo e dell'elefante. *Can JBot* **68**. 1021-1033.

102. Li, J., Heath, I. B., Bauchop, T., Packer, L. (1993). Le relazioni filogenetiche dei funghi intestinali anaerobi Chytridiomycetous (*Neocallimasticaceae*) e dei Chytridiomycota II: analisi cladistica dei dati strutturali descrizione di Neocallimasticales ord. nov. *Can J Bot* **71**. 393407.

103. Li, X.-L., Calza, R. E. (1991). Cellulasi di *Neocallimastix frontalis* EB 188 sintetizzate in presenza di inibitori della glicosilazione: misurazione degli optima di pH e temperatura, sensibilità alle proteasi e agli ioni. *Appl Microbiol Biotechnol* **35**. 741-747.

104. Liebetanz, E. (1910). Die parasitischen Protozoen des Wiederkäuermagens. *Arch Protistenk* **19**. 19-80.

105. Lin, K. W., Patterson, J. A. e Ladisch, M. R. (1985). Fermentazioni anaerobiche: I microbi dei ruminanti. *Enzimi e tecnologia microbica* **7**, 98-107.

106. Lindmark, D. G. (1980). Metabolismo energetico del protozoo anaerobico *Giardia lamblia*. *Mol Biochem Parasitol* **1**. 1-12.

107. Lindmark, D. G., Muller, M. (1973). L'idrogenosoma, un organello citoplasmatico della flagellata anaerobica *Tritrichomonas foetus*, e il suo ruolo nel metabolismo del piruvato. *J Biol Chem* **248**. 7724-7728.

108. Lo, H-S., Reeves, R. (1978). Via del piryvate-etanolo in *Entamoeba histolytica*. *Biochem J* **171**. 225-230.

109. Lowe, S. E., Theodorou, M. K., Trinci, A. P. J., Hespell, R. B. (1985). Crescita di funghi anaerobi del rumine su terreni definiti e semi-definiti privi di liquido del rumine. *J Gen Microbiol* **131**. 2225-2229.

110. Lowe, S. E., Griffith, G. W., Milne, A. et al. (1987). Ciclo vitale e cinetica di crescita di un fungo anaerobio del rumine. *J Gen Microbiol* **133**. 18151827.

111. Lowe, S. E., Theodorou, M. K., Trinci, A. P. J. (1987b). Crescita e fermentazione di un fungo anaerobio del rumine su varie fonti di carbonio ed effetto della temperatura sullo sviluppo. *Appl Environ Microbiol* **53**.1210-1215.

112. Lowe, S. E., Theodorou, M. K., Trinci, A. P. J. (1987c). Cellulasi e xilanasi di un fungo anaerobio del rumine cresciuto su paglia di grano, olocellulosa di paglia di grano, cellulosa e xilano. *Appl Environ Microbiol* **53**.1216-1223.

113. Lowe, S. E., Theodorou, M. K., Trinci, A. P. J. (1987d). Isolamento di funghi anaerobi da saliva e feci di pecore. *J Gen Microbiol* **133**. 18291834.

114. Mandels, M. (1986). Applicazione delle cellulasi. *Biotech Bioeng Symp* **13**. 414416.

115. Mann, S. O. (1963). Alcune osservazioni sulla diffusione aerea dei batteri del rumine. *J Gen Microbiol* **33**:ix.

116. McNeil, M., Darvill, A. G., Fry, S. C., Albersheim, P. (1984). Struttura e

funzione delle pareti cellulari primarie delle piante. *Annu Rev Biochem* **53**. 625-664.

117. Michel, V., Fonty, G., Millet, L., Bonnemoy, F., Gouet, Ph. (1993). Studio *in vitro* dell'attività proteolitica dei funghi anaerobi del rumine. *FEMS Microbiol Lett* **110**.5-10.

118. Miller, T. L., Wolin, M. J. (1974). Una modifica della tecnica hungate per la coltivazione di anaerobi obbligati. *Appl Microbiol* **27**. 985-987.

119. Milne, A., Theodorou, M. K., Jordan, M. G. C., King-Spooner, C., Trinci, A. P. J. (1989). Sopravvivenza di funghi anaerobi nelle feci, nella saliva e in coltura pura. *Exp Mycol* **13**. 27-37.

120. Mora, F., Comtat, J., Barnoud, F., Pla, F., Noe, P. (1986). Azione delle xilanasi sulle fibre di pasta chimica. Parte I. Indagini sulle modifiche della parete cellulare. *J Wood Chem Technol* **6**. 147-165.

121. Mountfort, D. O., Asher, R. A. (1988). Produzione di *a-amilasi* da parte del fungo anaerobio ruminale *Neocallimastix frontalis*. *Appl Environ Microbiol* **54**.2293-2299.

122. Mountfort, D. O., Asher, R. A. (1989). Produzione di xilanasi da parte del fungo anaerobio ruminale *Neocallimastix frontalis*. *Appl Environ Microbiol* **55**.10161022.

123. Munn, E. A. (1994). L'ultrastruttura dei funghi anaerobi. In *I funghi anaerobi.* (eds. C. G. Orpin, D. O. Mountfort, D. O.). pp. 47-105. Marcel Dekker: New York.

124. Munn, E. A., Orpin, C. G., Greenwood, C. A. (1988). L'ultrastruttura e le possibili relazioni di quattro funghi chytridiomiceti anaerobi obbligati provenienti dal rumine di pecore. *BioSystem* **21**. 67-82.

125. Munn, E. A., Orpin, C. G., Hall, F. J. (1981). Studi ultrastrutturali della zoospora libera del ficomicete del rumine *Neocallimastix frontalis*. *J Gen Microbiol* **125**. 311-323.

126. Nicholson, M. J., Theodorou, M. K., Brookman, J. L. (2005). Analisi molecolare del fungo anaerobio del rumine *Orpinomyces* - approfondimenti su un genoma ricco di AT. *Microbiologia* **151**. 121-133.

127. O'Fallon, J. V., Wright, R. W., Calza, R. E. (1991). Vie metaboliche del glucosio nel fungo anaerobico del rumine *Neocallimastix frontalis* EB 188. *Biochem J* **247**. 595-599.

128. Orpin, C. G. (1961). Isolamento di funghi ficomiceti cellulolitici dall'intestino del cavallo. J Cen Microbiol 123. 287-296.

129. Orpin, C. G. (1975). Studi sul flagellato del rumine *Neocallimastix frontalis*. *J Gen Microbiol* **91**.249-262.

130. Orpin, C. G. (1976). Studi sul flagellato del rumine *Sphaeromonas communis*. *J Gen Microbiol* **94**. 270-280.

131. Orpin, C. G. (1977). La presenza di chitina nelle pareti cellulari degli organismi del rumine *Neocallimastix frontalis, Piromonas communis* e *Sphaeromonas communis*. *J Gen Microbiol* **99**. 215-218.

132. Orpin, C. G. (1977a). Invasione di tessuti vegetali nel rumine da parte del flagellato *Neocallimastix frontalis*. *J Gen Microbiol* **98**. 423-430.

133. Orpin, C. G. (1977b). Il flagellato del rumine *Piromonas communis:* la sua storia di vita e l'invasione di materiale vegetale nel rumine. *J Gen Microbiol* **99**. 107117.

134. Orpin, C. G. (1978). Fermentazione dei carboidrati in un mezzo definito da

parte del ficomicete del rumine *Neocallimastix frontalis*. *Proc Soc Gen Microbiol* **7**. 3132.

135. Orpin, C. G. (1981a). I funghi nell'alimentazione dei ruminanti. In *Degradazione del materiale della parete cellulare delle piante*. pp. 36-47. Consiglio per la ricerca agricola: Lindon.

136. Orpin, C. G. (1981b). Isolamento di funghi ficomiceti cellulolitici dall'intestino cieco del cavallo. *J Gen Microbiol* **123**. 287-296.

137. Orpin, C. G. (1983/84). Il ruolo dei protozoi ciliati e dei funghi nella digestione delle pareti cellulari vegetali nel rumine. *Anim Feed Sci Technol* **10**. 121-143.

138. Orpin, C. G. (1988). Nutrizione e biochimica di organismi anaerobi Citridiomiceti. *BioSystems* **21**. 365-370.

139. Orpin, C. G., Greenwood, Y. (1986). Nutrizione e germinazione requisiti del ficomicete del rumine *Neocallimastix patriciarum*. *Trans Br Mycol Soc* **86**. 178-181.

140. Orpin, C. G., Joblin, K. N. (1988). I funghi anaerobi del rumine. In *The rumen microbial ecosystem* (ed. P. N. Hobson). pp 129-150. Elsevier: London.

141. Orpin, C. G., Letcher, A. J. (1979). Utilizzo di cellulosa, amido, xilano e altre emicellulose per la crescita da parte del ficomicete del rumine *Neocallimastix frontali*. *Current microbiol* **3**. 121-124.

142. Orpin, C. G., Mathiesen S. D., Greenwood, Y., Blix, A. (1985). Cambiamenti stagionali nella microflora ruminale della renna delle Svalbard (*Rangifer tarandus platyrhynchus*). *Appl Environ Microbiol* **50**.144-151.

143. Orpin, C. G., Mathiesen, S. D., Greenwood, Y., Blix, A. S. (1986). Cambiamenti stagionali nella microflora del rumine della renna delle Svalbard (*Rangifer tarandus platyrhynchus*). *Appl Environ Microbiol* **50**.144-151.

144. Orpin, C. G., Munn, E. A. (1986). *Neocallimastix patriciarum* sp. nov., un nuovo membro delle Neocallimasticaceae che abita il rumine delle pecore. *Trans Br Mycol Soc* **86**: 178-181.

145. Ozkose, E., Thomas, B. J., Davies, D. R., Griffith, G. W., Theodorou, M. K. (2001). *Cyllamyces aberensis* gen.nov. sp.nov., un nuovo fungo intestinale anaerobio con sporangiofori ramificati isolato da bovini. *Can. J. Bot.* **79**: 666-673.

146. Paice, M. G., Bernier, R. Jr, Jurasek, L. (1988). Sbiancamento per aumentare la viscosità della pasta Kraft di legno duro con la xilanasi di un gene clonato. *Biotechnol Bioeng.* **32**. 235-239.

147. Patton, R. S., Chandler, P. T. (1975). Valutazione della digeribilità in vivo di materiali chitinosi. *J Dairy Sci* **58**. 1945-1958.

148. Pearce, B. D., Bauchop, T. (1985). Glicosidasi del fungo anaerobio del rumine *Neocallimastix frontalis* cresciuto su substrati cellulosici. *Appl Environ Microbiol* **49**.1265-1269.

149. Pfyffer, G. E., Boraschi-Gaia, C., Weber B., et al. (1990). Un ulteriore rapporto sulla presenza di alcoli aciclici nei funghi. *Mycol Res* **94**. 219-222.

150. Pfyffer, G. E., Pfyffer, B. U., Rast, D. M. (1986). Il modello dei polioli, la chemiotassonomia e la filogenesi dei funghi. *Sydowia* **39**. 160-202.

151. Pfyffer, G. E., Rast, D. M. (1980). Il modello dei polioli di alcuni funghi finora non indagati per gli alcoli sugas. *Exp Mycol* **4**. 160-170.

152. Phillips, M. W. (1989). Insoliti funghi del rumine isolati da bovini e bufali d'acqua dell'Australia settentrionale. In *The roles of protozoa and fungi in ruminant digestion* (eds. J. V. Nolan, R. A. Leng, D. I. Demeyer). pp. 247-250. Penambul Books, Armidale: Nuovo Galles del Sud.

153. Phillips, M. W., Gordon, G. L. R. (1988). Fermentazione di zuccheri e polisaccaridi da parte di funghi anaerobi di Australia, Gran Bretagna e Nuova Zelanda. *BioSystems* **21**. 377-383.

154. Phillips, M. W., Gordon, G. L. R. (1989). Caratteristiche di crescita su cellobiosio di tre diversi funghi anaerobi isolati dal rumine ovino. *Appl Environ Microbiol* **55**. 1695-1702.

155. Pirt, S. J. (1975). *Principi di coltivazione di microbi e cellule.* Pubblicazione scientifica Blackwell: Oxford.

156. Preston, R. D. (1974). La fisiologia delle pareti cellulari delle piante. Chapman and Hall: London, UK.

157. Rast, D. M., Pfyffer, G. E. (1989). Polioli aciclici e taxa superiori di funghi. *Bot J Linn Soc* **99**. 39-57.

158. Rees, D. A., Morris, E. R., Thom, D., Madden, J. K. (1982). Forme e interazioni delle catene di caboidrati. *Polisaccaridi* **1**. 195-290.

159. Reymond, P., Geourjon, C., Roux, B., et al. (1991). Sequenza del cDNA codificante la fosfoenolpiruvato carbossilasi del fungo anaerobio del rumine *Neocallimastix frontalis*: confronto della sequenza aminoacidica con animali e lieviti. *Gene* **110**. 57-63.

160. Richmond, P. A. (1991). Presenza e funzione della cellulosa nativa. In *Biosintesi e biodegradazione della cellulosa.* (eds. C. H. Haigler, P. J. Weimer). pp. 5-23. Marcel Dekker: New York, USA.

161. Roger, V., Grenet, E., Jamot, J., Bernalier, A., Fonty, G., Gouet, P. (1992). Degradazione del fusto del mais da parte di due specie fungine del rumine, *Piromyces communis* e *Caecomyces communis*, in colture pure o in associazione con batteri cellulolitici. *ReprodNutr Dev* **32**. 321-329.

162. Saddler, J. N. (1993). Bioconversione dei residui vegetali forestali e agricoli. C. A. B. International, Oxford, Regno Unito.

163. Stack, R. J. & Hungate, R. E. (1984). Effetto dell'acido 3-fenil-propanoico sulla capsula e sulle cellulasi di *Ruminococcus albus* 8. *Microbiologia applicata e ambientale* **48**. 218-223.

164. Tchen, T. T., Bloch, K. (1957). Sul meccanismo della ciclizzazione enzimatica dello squalene. *J Biol Chem* **226**. 931-938.

165. Teunissen, M. J., De Kort, G. V. M., Op den Camp, H. J. M., Vogels, G. D. (1993). Produzione di enzimi cellulolitici e xilanolitici durante la crescita di funghi anaerobi di erbivori ruminanti e non ruminanti su diversi substrati. *Appl Biochem Biotechnol* **39/40**. 177-189.

166. Teunissen, M. J., Lahaye, D. H. T. P., Huis in 't Veld, J. H. J., Vogels, G. D. (1992) . Purificazione e caratterizzazione di una ß-glucosidasi extracellulare dal fungo anaerobio *Piromyces* sp. ceppo E2. *Arch Microbiol.* **158**. 276-281.

167. Teunissen, M. J., Op den Camp, H. J. M., Orpin, C. G., Huis, J. H. J., Vogels, G. D. (1991). Confronto delle caratteristiche di crescita di funghi anaerobi isolati da erbivori ruminanti e non ruminanti durante la coltivazione in un nuovo terreno definito. *J Gen Microbiol* **137**. 1401-1408.

168. Theodorou, M. K., Davies, D. R., Jordan, M. G. C., Trinci, A. P. J., Orpin, C.
 (1993) . Confronto tra funghi anaerobi nelle feci e nella digesta del rumine di ruminanti appena nati e adulti. *Mycol Res* **97**. 1245-1252.

169. Theodorou, M. K., Gill, M., King-Spooner, C. e Beever, D. E. (1990). Enumerazione dei chytridiomiceti anaerobi come unità formanti il tallo: un nuovo metodo per la quantificazione delle popolazioni di funghi fibrolitici nell'ecosistema del tratto digestivo. *Microbiologia applicata e ambientale* **56**. 10731078.

170. Theodorou, M. K., Longland, A. C., Dhanoa, M. S., Lowe, S. E., Trinci, A. P. J. (1989). Crescita di *Neocallimastix* sp. ceppo R1 su fieno di loietto italiano rimozione di zuccheri neutri dalle pareti cellulari delle piante. *Appl Environ Microbiol* **55**. 1363-1367.

171. Theodorou, M. K., Lowe, S. E., Trinci, A. P. J. (1988). Le caratteristiche fermentative dei funghi anaerobi del rumine. *BioSystems* **21**. 371-376.

172. Theodorou, M. K., Trinci, A. P. J. (1989). Procedure per l'isolamento e la coltura di funghi anaerobi. In *The roles of protozoa and fungi in ruminant digestion* (eds. J. V. Nolan, R. A. Leng, D. I. Demeyer). pp. 145-152. Penambul Books, Armidale, Nuovo Galles del Sud.

173. Theodorou, M. K., Williams, B. A., Dhanoa, M. S., McAllan, A. B., France, J. (1994). Un semplice metodo di produzione di gas utilizzando un trasduttore di pressione per determinare la cinetica di fermentazione degli alimenti per ruminanti. *Anim Feed Sci Technol* **48**. 185-197.

174. Timell, T. E. (1967). Recenti progressi nella chimica delle cellulose del legno. *Wood Sci Technol* **49**. 499-521.

175. Tomme, P., Warren, R. A. J., Gilkes, N, R. (1995). Idrolisi della cellulosa da parte di batteri e funghi. *Adv Microbiol Physiol* **37**. 1-81.

176. Trinci, A. P. J., Davies, D. R., Gull, K., Lawrence, M. I., Nielsen, B. B., Rickers, A., Theodorou, M. K. (1994). Funghi anaerobi negli animali erbivori. *Mycol Res* **98**. 129-152.

177. Ubhayasekera, W. (2005). Studi strutturali di enzimi attivi su cellulosa e chitina. Tesi di dottorato. Università svedese di scienze agrarie. Uppsala

178. Ulyatt, M. J., Baldwin, R. L. e Koong, L. J. (1976). Le basi del valore nutritivo. Un approccio modellistico. *Atti della New Zealand Society for Animal Production* **36**, 140-149.

179. Ulyatt, M. J., Dellow, D. W., John, A., Reid, C. S. W. & Waghorn, G. C. (1986). Contributo della masticazione durante il pasto e la ruminazione alla clearance del digesta dal reticolo del rumine. In *Control of Digestion and Metabolism in Ruminants* (Proceedings of the 6th International Symposium on Ruminant Physiology) (ed. L. P. Milligan, W. L. Grovum & A. Dobson), pagg. 498-515. Prentice-Hall: Englewood Cliffs, NJ, USA.

180. Vavra, J., Joyon, L. (1966). Studio sulla morfologia, il ciclo evolutivo e la posizione sistematica di *Callimastix cyclopis* Weissenberg 1912. *Protistologica* **2**. 5-15.

181. Wallace, R. J., Joblin, N. J. (1985). Attività proteolitica di un fungo anaerobio del rumine. *FEMS Microbiol Lett* **29**. 19-25.

182. Warner, A. C. I. (1981). Velocità di passaggio del digesta attraverso l'intestino di mammiferi e uccelli. *Nutrition Abstracts and Reviews* Series B **51**. 789-820.

183. Webb, J., Theodorou, M. K. (1988). Un fungo anaerobio del rumine del genere *Neocallimastix:* ultrastruttura della zoospora poliflagellata e del tallo giovane. *BioSystem* **21**. 393-401.

184. Whistler, R. H. A., Richards, E. L. (1970). Emicellulosa. In I carboidrati. (eds. W. Pigman, P. Horton). pp. 447-469. Academic Press: New York, USA.

185. Williams, A. G. (1986). Protozoi ciliati olotrici del rumine. *FEMS Microbiology Reviews* **50**. 25-49.

186. Williams, A. G., Orpin, C. G. (1987a). Enzimi di degradazione dei polisaccaridi formati da tre specie di funghi anaerobi del rumine cresciuti su una serie di substrati di carboidrati. *Can J Microbiol* **33**. 418-426.

187. Williams, A. G., Orpin, C. G. (1987b). Enzimi glicosidi idrolasi presenti nelle zoospore e negli stadi vegetativi dei funghi del rumine *Neocallimastix patriciarum*, *Piromonas communis* e un isolato non identificato cresciuti con una serie di carboidrati. *Can J Microbiol* **33**. 427-434.

188. Winterburn, P. J. (1974). Struttura e funzione dei polisaccaridi. In *Companion to biochemistry: selected topics for further reading.* (eds. A. T. Bull, J. R. Lagnado, J. O. Thomas, K. E. Tipton). pp. 307-341. Longman: London, UK.

189. Wong, K. K. Y., Saddler, J. N. (1992). Le xilanasi *di Trichoderma*, le loro proprietà e applicazioni. *Crit Rev Biotechnol* **12**. 45-50.

190. Wood, T. M., McCrae, S. I., MacFarlane, C. C. (1980). L'isolamento, la purificazione e le proprietà della componente cellobioidrolasica di *Penicillium funiculosum* cellulasi. *Biochem J* **189**. 51-65.

191. Wood, T. M., McCrae, S. I., Wilson, C. A., Bhat, K. M., Gow, L. A. (1988). Cellulasi fungine aerobiche e anaerobiche, con particolare riferimento alla loro modalità di attacco alla cellulosa cristallina. In *Biochimica e genetica della degradazione della cellulosa.* (eds. J. P. Aubert, P. Beguin, J. Millet). pp. 32-52. Academic Press: London, UK.

192. Wood, T. M., Wilson, C. A. (1995). Studi sulla capacità della cellulasi del fungo anaerobio del rumine *Piromonas communis* P di degradare la cellulosa con legami a idrogeno. *Appl Microbiol Biotechnol* **43**. 572-578.

193. Woodward, J. (1984). Xilanasi: funzioni, proprietà e applicazioni. *Top Enzyme Ferment Technol* **8**. 9-30.

194. Wubah, D. A., Fuller, M. S., Akin, D. E. (1991a). Studi su *Caecomyces communis:* morfologia e sviluppo. *Mycologia* **83**. 303-310.

195. Xue, G. P., Gobius, K. S., Orpin, C. G. (1992a). Un nuovo cDNA di idrolasi polisaccaridica (celD) di *Neocallimastix patriciarum* che codifica tre domini catalitici multifunzionali con elevate attività di endoglucanasi, cellobioidrolasi e xilanasi. *J Gen Microbiol* **138**. 2397-2403.

196. Xue, G. P., Orpin, C. G., Gobius, K. S., Aylward, J. H., Simpson, G. D.(1992b). Clonazione ed espressione di cDNA multipli di cellulasi da funghi anaerobi del rumine *Neocallimastix patriciarum* in *Escherichia coli. J Gen Microbiol* **138**. 1413-1420.

197. Yarlett, N., Hann, A. C., Lloyd, D., Williams, A. G. (1981). Idrogenosomi nel protozoo del rumine *Dasytricha ruminantium*. *Biochem* **J200**. 365-372.

198. Yarlett, N., Hann, A. C., Lloyd, D., Williams, A. G. (1983). Idrogenosomi nell'isolamento misto di *Isotricha prostoma* e *Isotricha intestinalis* dal contenuto del rumine degli ovini. *Comp Biochem Physiol* **74B**. 357-364.

199. Yarlett, N. C., Yarlett, N., Orpin, C. G., LIoyd, D. (1986a). Crioconservazione del fungo anaerobio del rumine *Neocallimastix patriciarum*. *Lett. App. Microbiol.* **3**. 1-3.

200. Yarlett, N., Orpin, C. G., Munn, E. A., Yarlett, N. C., Greenwood, C. A. (1986b). Idrogenosomi nel fungo del rumine *Neocallimastix patriciarum*. *Biochem J* **236**. 729-739.

201. Yarlett, N., Rowlands, C., Yarlett, N. C., et al. (1987). Respirazione del fungo *Neocallimastix frontalis* contenente idrogenosomi. *Arch Microbiol* **148**. 25-28.

202. Zhou L., G.-P., Orpin, C. G., Black., G. W., Gilbert, H. J., Hazlewood, G. P.

(1994) . Il *celB* senza introni del fungo anaerobico *Neocallimastix patriciarum* codifica un'endoglucanasi modulare della famiglia A. *Biochem J* **297**. 359-364.

I want morebooks!

Buy your books fast and straightforward online - at one of world's fastest growing online book stores! Environmentally sound due to Print-on-Demand technologies.

Buy your books online at
www.morebooks.shop

Compra i tuoi libri rapidamente e direttamente da internet, in una delle librerie on-line cresciuta più velocemente nel mondo! Produzione che garantisce la tutela dell'ambiente grazie all'uso della tecnologia di "stampa a domanda".

Compra i tuoi libri on-line su
www.morebooks.shop

info@omniscriptum.com
www.omniscriptum.com

Printed by Books on Demand GmbH, Norderstedt / Germany